Zur Theorie des Wasserschlosses bei selbsttätig geregelten Turbinenanlagen

Von

Dr.-Ing. D. THOMA

Assistent für technische Mechanik an der Technischen Hochschule München

Mit 10 in den Text gedruckten Abbildungen

München und Berlin
Druck und Verlag von R. Oldenbourg
1910

Vorwort.

———

Bereits bevor die eigentümlichen Schwingungserscheinungen an der Wasserkraftanlage der Rurtalsperren-Gesellschaft durch die Veröffentlichung in der Zeitschrift des Vereins Deutscher Ingenieure bekannt geworden waren, hatte ich die Möglichkeit erkannt, daſs Schwingungen des Wasserspiegels in einem Wasserschloſs durch die Tätigkeit der Turbinenregler verstärkt werden können; als Ingenieur der Firma Briegleb, Hansen & Co. in Gotha hatte ich für eine projektierte Anlage durch stufenweise Integration der Bewegungsgleichungen dann auch nachgewiesen, daſs die Spiegelschwankungen bei den angenommenen Abmessungen zunehmen müſsten.

Nachdem auch durch die Erfahrung an der genannten Anlage bestätigt war, daſs solche ungedämpften Schwingungen auftreten und sehr störend wirken können, bestand bei der Projektierung neuer Anlagen eine peinliche Unsicherheit: obwohl man wuſste, daſs ungedämpfte Schwingungen nur in seltenen Fällen auftreten, war man doch ganz im unklaren darüber, in welcher Weise die Gefahr für ihr Auftreten von den Abmessungen des Wasserschlosses und des Stollens, von der Gröſse des Gefälles usw. abhängt. Man muſste daher entweder ein Risiko laufen oder bei jedem Projekt für eine angenommene Belastungsänderung der Turbinen die Bewegungsgleichungen durch Näherungsverfahren mühsam integrieren und dadurch mathematisch-experimentell feststellen, ob die Schwingungen ab- oder zunehmen würden. In dem Bestreben, hier Klarheit zu schaffen, habe ich die in der vorliegenden Arbeit enthaltenen Untersuchungen angestellt, wobei auch solche Resultate gewonnen wurden, auf die es ursprünglich nicht abgesehen war.

München, 28. September 1910.

D. Thoma.

Übersicht über den Inhalt.

1. Einleitung, Problemstellung.

Wenn die Zuführung des Betriebswassers einer Turbinenanlage durch eine längere geschlossene Leitung erfolgen muſs, wie dies in vielen Fällen durch die örtlichen Verhältnisse notwendig wird, er-geben sich immer Schwierigkeiten, sobald eine selbsttätige Ge-schwindigkeitsregelung der Turbinen verlangt wird; die bei den Regu-lierbewegungen auftretenden Druckschwankungen in der geschlos-senen Zuleitung bilden in fast allen Fällen nicht nur eine Gefahr für die Leitung, sondern erzeugen auch durch ihre Rückwirkung auf die Kraftleistung der Turbinen eine empfindliche Störung des Reguliervorganges, welche manchmal so weit geht, daſs eine selbst-tätige Regelung nicht aufrecht erhalten werden kann.

Man hat durch vielerlei Hilfsmittel versucht, beiden Übelständen abzuhelfen; sog. Freilaufventile bilden einen guten Schutz der Leitung gegen gefährliche Drucksteigerungen, vermögen aber das Auftreten von Druckverminderungen beim Öffnen der Turbinen und ihren schädlichen Einfluſs auf den Reguliervorgang nur dann zu be-seitigen, wenn sie als »Synchronschieber« ausgeführt werden, also derart, daſs der Wasserverbrauch von Turbine und Freilaufventil zusammen konstant bleibt für alle Eröffnungen der Turbine; in diesem Falle wirken sie aber bei Teilbelastungen der Turbinen als Wasservergeuder. Zur Vermeidung dieser meistens unerwünschten Wasserverschwendung hat man die Freilaufventile auch so gebaut, daſs sie nur bei einer plötzlichen Verminderung des Wasserverbrauches der Turbine geöffnet werden, und nachher, bei weiterhin konstanter Turbinenöffnung, sich von selbst langsam wieder schlieſsen; für die Zuleitung gefährliche Drucksteigerungen treten dann nicht auf, und dauernde Wasservergeudung ist vermieden; die bei plötzlichen Ver-gröſserungen des Wasserverbrauches entstehenden Druckverminde-

rungen mit ihrer Rückwirkung auf den Reguliervorgang bleiben
aber bestehen und bedingen zu ihrer Kompensation dieselben Maſs-
nahmen — groſse Schwungmaſsen und hohen Ungleichförmigkeitsgrad der Regelung — welche auch bei Abwesenheit des Freilauf-
ventiles erforderlich wären.   Eine nach allen Richtungen hin befrie-
digende Lösung der Aufgabe ist somit durch die Verwendung von
Freilaufventilen allein nicht möglich.

Wenn man eine wirksame Verbesserung der Regelung ohne
Wasservergeudung erreichen will, braucht man vielmehr einen
Energiespeicher, welcher bei einer Vergröſserung des Wasserverbrauches bei einem mäſsigen Druckabfall in der Leitung solange
Energie an die Turbinen abgibt, als erforderlich ist, um die lange
Wassersäule der Zuleitung zu beschleunigen.   Noch bis vor wenigen
Jahren hat man als Energiespeicher oft Windkessel benutzt, welche
vor dem Einlauf in die Turbine an die Rohrleitung angeschlossen
waren; infolge der mit ihnen gemachten schlechten Erfahrungen ist
man aber wieder fast ganz von ihrer Verwendung abgekommen;
neben anderen Miſsständen waren es vor allem die in dem schwing-
fähigen System Rohrleitung-Windkessel häufig auftretenden heftigen
Schwingungen, welche für den Betrieb störend und gefährlich für
die Rohrleitung waren.   In der neueren Zeit bringt man deswegen
in der Regel keine Windkessel an, sondern sucht durch die Verwendung eines Wasserschlosses in der Nähe der Turbinen die Länge
der geschlossenen Zuleitung vor denselben möglichst zu verkleinern,
wenn die örtlichen Verhältnisse dies irgend gestatten; bei Anlagen
mit gröſseren Gefällen ergibt sich sogar meistens eine für die Verwendung eines Wasserschlosses günstige Gesamtanordnung der
Wasserzuführung bereits aus wirtschaftlichen Gesichtspunkten allein,
indem es vorteilhaft ist, das Wasser von der Wasserfassung (Wehr,
Stausee) an zuerst mit schwachem Gefälle in einer dünnwandigen
Rohrleitung oder noch häufiger in einem Stollen bis zu einer Stelle
zu führen, von der aus die Weiterführung zum Kraftwerk durch
eine möglichst kurze steile Rohrleitung erfolgen kann; der Übergang
von dem schwach geneigten Stollen zur steilen Rohrleitung ist dann
der gewiesene Platz für ein Wasserschloſs.   Wenn die freie Wasser-
oberfläche desselben genügend groſs bemessen wird, bleiben die bei
plötzlichen Veränderungen des Wasserverbrauches eintretenden
Schwankungen der Spiegelhöhe verhältnismäſsig klein, und die
Regelung der Turbinen arbeitet dann bei plötzlichen Belastungsänderungen unter nahezu denselben Bedingungen, als wenn nur die

kurze Rohrleitung zwischen dem Wasserschlofs und dem Kraftwerk vorhanden wäre.

Bei der Anlage derartiger Wasserschlösser (oder der ihnen gleichwertigen »Entlastungsstollen« oder »Standrohre«) mufs man aber beachten, dafs nunmehr der Stollen (so soll der Kürze halber im folgenden die geschlossene Verbindungsleitung zwischen Wasserfassung und Wasserschlofs bezeichnet werden) und das Wasserschlofs zusammen ein schwingfähiges System bilden, ganz ähnlich wie bei der Anwendung eines Windkessels die Rohrleitung und der Windkessel. Für kleine Gleichgewichtsstörungen ist in der Tat das Wasserschlofs mechanisch einem sehr grofsen Windkessel gleichwertig, und man hat daher zu erwarten, dafs bei ersterem ähnliche Schwingungserscheinungen möglich sind, wie sie bei Windkesseln so oft störend hervorgetreten sind, und die dann gefährlich werden können, wenn sie angefacht[1] verlaufen. Allerdings sind bei Wasserschlössern grofse Schwingungen aus einem anderen Grunde gefährlich: die Luft, welche bei zu grofser Absenkung des Wasserspiegels im Schlofs in die zu den Turbinen führende Rohrleitung eingesogen wird, erzeugt in ihr, sobald sie in die Turbinen gelangt, aufserordentlich heftige Stöfse, »Wasserschläge«; daneben besteht bei manchen Anlagen noch die Möglichkeit, dafs bei zu grofser Erhebung des Wasserspiegels das Wasserschlofs überläuft und das überlaufende Wasser Zerstörungen anrichtet, wenn beim Bau des Wasserschlosses auf diesen Fall nicht gerechnet wurde.

Weiterhin unterscheiden sich die Vorgänge beim Wasserschlofs von den analogen Vorgängen bei Windkesseln beträchtlich durch die Gröfsenordnung der Geschwindigkeit, mit der sie ablaufen; bei Windkesseln zählt die Schwingungsdauer nach Sekunden, bei Wasserschlössern nach Minuten; eben diese grofse Schwingungsdauer ermöglicht bei letzteren, wie im folgenden zu zeigen sein wird, eine genaue Berechnung des Bewegungsvorganges unter voller Berücksichtigung des Einflufses der Spiegelhöhenänderung auf die Regler.

Störende Schwingungserscheinungen sind in der Tat bei einer mit einem Wasserschlofs ausgerüsteten Anlage aufgetreten und durch eine Veröffentlichung in der Zeitschrift des Vereins Deutscher Ingenieure[2] bekannt geworden. Da die Ursache dieser Erschei-

---

[1] Als »angefachte« Schwingung soll im Gegensatze zur gedämpften Schwingung eine Schwingung bezeichnet werden, deren Ausschläge mit der Zeit zunehmen.

[2] Jahrg. 1908. Prof. Dr. Rasch und Dr. Ing. F. Bauwens: Die Kraftübertragungsanlagen der Rurtalsperren-Gesellschaft, Seiten 609—611.

nungen und die Umstände, von denen sie abhängen, noch nicht allgemein klar erkannt worden sind, erschien es mir in Anbetracht der technischen Wichtigkeit dieser Frage wünschenswert, eine eingehendere theoretische Untersuchung des Schwingungsvorganges vorzunehmen, besonders um angeben zu können, unter welchen Bedingungen eine einmal durch eine Belastungsänderung der Turbinen erzeugte Schwingung angefacht verläuft, und um überhaupt über den Bewegungsvorgang allgemeineren Aufschluß zu erhalten.

2. Zulässige und unzulässige Vernachlässigungen.

Bevor zur Aufstellung der Grundgleichungen des Problems geschritten wird, muß noch erörtert werden, welche Umstände dabei vernachlässigt werden dürfen, und welche Einflüsse andererseits unbedingt Berücksichtigung erfordern.

Wenn man für die bei praktischen Ausführungen vorkommenden Abmessungen die Werte der Schwingungsdauer für das System Stollen-Wasserschloß durch Beobachtung oder Rechnung ermittelt, findet man, wie bemerkt, stets verhältnismäßig große Werte, welche meist eine Minute übersteigen; dieser langsame Verlauf ist für die Untersuchung von großer Wichtigkeit; er ermöglicht eine Reihe von Vernachlässigungen, ohne daß dadurch das Bild wesentlich getrübt würde. Zunächst brauchen zur Bestimmung der Wassermenge, welche dem Wasserschloß sekundlich durch die Rohrleitung entnommen wird, die hydrodynamischen Vorgänge, welche sich in dieser infolge der Elastizität der Rohrwandungen und des Wassers abspielen, nicht beachtet zu werden; die Schwingungsdauer für diese Vorgänge beträgt meist weniger als eine Sekunde und kommt gar nicht in Betracht gegenüber den langsamen Veränderungen des Wasserstandes im Wasserschloß. Aus demselben Grunde kann auch die Elastizität der Stollenwandungen und des im Stollen enthaltenen Wassers vernachlässigt werden. Von besonderer Wichtigkeit für die folgende Untersuchung ist es, daß auch das zeitliche Zurückbleiben der Regler hinter den Änderungen der Umlaufzahl der Turbinen, welches kurz als Nacheilen bezeichnet werden möge, vernachlässigt werden kann: bei plötzlichen Änderungen der Belastung der Turbinen verändert bekanntlich ein moderner, mit nachgiebiger Rückführung oder mit Gegenbremse ausgerüsteter Turbinenregler zwar sehr schnell die Eröffnung der Turbinen, stellt aber nicht sofort genau die

normale Umlaufzahl wieder her, sondern läfst eine kurze Zeit ver-
streichen, bevor genau die normale Umlaufzahl und damit genau die
dem neuen Widerstandsmomente entsprechende Turbinenleistung
erreicht ist, und dasselbe gilt, wenn die Regulierbewegung nicht
durch eine Änderung der Belastung, sondern durch eine Änderung
des wirksamen Gefälles eingeleitet wird: bei einer Verminderung des
Gefälles z. B. wird zuerst die Umlaufzahl etwas sinken und solange
das Gefälle abnimmt, stets etwas geringer sein als normal; dementsprechend wird auch die Leistung der Turbine bei abnehmendem
Gefälle stets etwas kleiner, bei zunehmendem Gefälle etwas gröfser
sein als bei unveränderlichem Gefälle bei derselben Belastung (wobei
unter Belastung die Gesamtheit der die Leistung aufbrauchenden
Elemente zu verstehen ist). Bei dem langsamen Verlaufe der
Schwingungen des Wasserspiegels kann aber diese Abweichung ohne
merklichen Fehler vernachlässigt werden, was am Schlufs dieser
Untersuchung noch nachgewiesen werden wird. Vorausgesetzt ist
dabei allerdings, dafs der Turbinenregler nicht etwa gerade zur
Verminderung der Schwingungen im Wasserschlofs mit einer besonders starken und nachhaltigen Dämpfung ausgestattet wird. Die
eben erwähnte Untersuchung wird zeigen, dafs dann die Dämpfung
aufserordentlich stark gemacht werden müfste.

Ebenso kann auch das bei schnellen Änderungen des Gefälles
eintretende zeitliche Zurückbleiben der Änderung der Umlaufzahl
(infolge der Schwungmassen der Turbinen) ohne jeden merklichen
Fehler vernachlässigt werden.

Zur Ermittlung der Bewegungsgleichungen mufs man einen
Ausdruck für die dem Wasserschlofs durch die Rohrleitung sekundlich entnommene Wassermenge aufstellen, und die eben erwähnten
Vernachlässigungen ermöglichen dies, wenn die von den Turbinen
abzugebende Leistung, der Wirkungsgrad der Turbinen und ferner
das an ihnen wirksame Gefälle bekannt sind. Das letztere ergibt
sich aus den Reibungsverlusten in der Rohrleitung und aus dem
Gefälle H zwischen Wasserschlofs und Unterwasser. Die Veränderlichkeit dieses Reibungsverlustes soll für die folgende Untersuchung
vorerst vernachlässigt werden, ebenso wie auch die Veränderlichkeit
des Turbinenwirkungsgrades für verschiedene Beaufschlagungen und
Gefälle; diese beiden Vernachlässigungen heben sich meist teilweise
auf; sie werden später noch berücksichtigt werden.

Ferner brauchen die Vertikalbeschleunigungen der im Wasserschlofs enthaltenen Wassermenge und die Trägheitswirkung der in

der Rohrleitung befindlichen Wassersäule nicht beachtet zu werden;
beide Wirkungen sind wegen der im Verhältnis zur Stollenlänge
geringen Länge der Rohrleitung und der kleinen Höhe des Wasserschlosses unbedeutend; ihr Einfluſs auf die Regler muſs durch die
bekannten Mittel kompensiert werden.

Zur Berechnung von H wird der Unterwasserspiegel als unveränderlich angenommen, ebenso wie der Wasserspiegel des Stausees,
was fast immer sehr genau zutrifft; die Veränderungen des Wasserspiegels im Wasserschloſs dürfen dagegen nicht vernachlässigt werden,
weil damit auch die Rückwirkungen dieser Spiegelhöhenänderungen
auf die Turbinenregler nicht in die Rechnung eingeführt werden
würden. Wenn es sich allerdings nur um die Aufgabe handelt, den
nach einer Belastungsänderung der Turbinen eintretenden ersten
gröſsten Ausschlag des Wasserspiegels annähernd zu ermitteln, ist
es nicht immer notwendig, diese Rückwirkung zu beachten, und
es genügt dann, die von den Turbinen sekundlich verbrauchte
Wassermenge aus dem für den betreffenden Beharrungszustand gül-
tigen Gefälle zu ermittteln und als gegeben in die Rechnung
einzuführen; die Aufgabe gestattet dann einfache und elegante
Lösungen, welche von Prásil, Lorenz und Pressel angegeben worden
sind[1]). Wenn man aber nach dem weiteren Verlaufe der Bewegung fragt, und besonders wenn man untersuchen will, wann eine
angefachte Schwingung auftritt, ist es unbedingt notwendig, die
Rückwirkung zu beachten, welche sich darin äuſsert, daſs bei tiefem
Wasserstande im Schloſs die Turbinen etwas mehr Wasser brauchen
als bei hohem Wasserstande, wenn sie dieselbe Leistung abgeben
sollen; denn dieser Umstand gerade bewirkt das Anwachsen der
Schwingungen. Am besten wird dieser Forderung dadurch genügt,
daſs man, wie es auch den tatsächlichen Verhältnissen entspricht,
nicht den Wasserverbrauch, sondern die Leistung der Turbinen als
gegeben ansieht, und als unabhängige Veränderliche in den Ansatz
einführt, indem man setzt:

$$\text{Wasserverbrauch} = \text{Const.} \frac{\text{Turbinenleistung}}{\text{Gefälle Wasserschloſs-Unterwasser}}$$

[1]) Prof. Dr. F. Prásil, »Wasserschloſsprobleme«, Schweizerische Bauzeitung
Band 52, Nr. 21 u. ff., Zürich.

Prof. Dr. H. Lorenz, »Schwingungen in Flüssigkeitsleitungen und ihr Einfluſs auf den Gang von Kreiselrädern«, Zeitschrift für das gesamte Turbinen-
wesen, Heft 28, 1908.

Prof. Dr. K. Pressel, »Beitrag zur Bemessung des Inhaltes von Wasserschlössern«, Schweizerische Bauzeitung 1909, Seite 57 ff.

Durch diese Einführung wird auch der allgemeine Charakter der vorliegenden Untersuchung bestimmt; sie führt auf eine Differentialgleichung, die so verwickelt ist, daſs eine allgemeine Integration nicht möglich ist. Es wird daher die Differentialgleichung für den wichtigsten Fall, daſs die Turbinenleistung konstant gehalten wird, für kleine Schwingungen um eine Gleichgewichtslage integriert werden; auf Grund dieses Integrals kann dann die Beziehung zwischen den Konstanten des Systems ermittelt werden, welche erfüllt sein muſs, damit die Schwingungen gedämpft verlaufen. Ferner sollen die Fälle untersucht werden, in denen der Bewegungsvorgang aperiodisch verläuft. Um den Nachweis zu erbringen, daſs die für unendlich kleine Störungen des Beharrungszustandes ermittelten Beziehungen

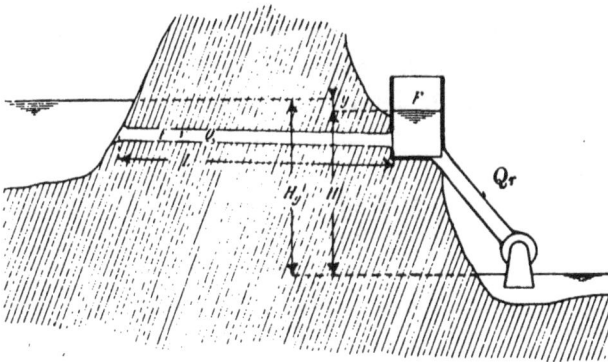

Fig. 1.

annähernd auch für endliche Störungen gelten, soll schlieſslich die Integration für bestimmte Zahlenbeispiele näherungsweise durchgeführt werden; dabei wird eine für die näherungsweise Integration von Differentialgleichungen dieser Art besonders bequeme Methode dargelegt werden, welche die auftretenden Wasserspiegelschwankungen auch für den Fall zu ermitteln gestattet, daſs die Leistung der Turbinenanlage eine beliebig gegebene zeitliche Veränderung aufweist.

---

3. Aufstellung der Hauptgleichungen.

Es seien folgende Bezeichnungen eingeführt (vgl. Fig. 1):

H_g Gesamtgefälle in m,

H Nettogefälle zwischen Wasserschloſs und Unterwasser in m,

H_n Nettogefälle zwischen Wasserschloſs und Unterwasser für den Beharrungszustand in m,

y Höhendifferenz zwischen den Wasserspiegeln im Stausee und im Wasserschloſs (positiv, wenn letzterer tiefer ist als der Seespiegel) in m,

$r = H_g - H_n$ Höhendifferenz zwischen den Wasserspiegeln im Stausee und Wasserschloſs für den Beharrungszustand in m,

$s = y - r$ Abweichung des augenblicklichen Wasserstandes im Wasserschloſs von dem im Beharrungszustande vorhandenen Wasserstande.

L Länge des Stollens in m,

f Querschnitt des Stollens in qm,

v Wassergeschwindigkeit im Stollen in m/sec,

Q_s Durch den Stollen flieſsende Wassermenge in m³/sec,

k Ein Koeffizient, der mit v^2 multipliziert den Druckhöhenverlust durch den Stollen ergibt,

F Wasserschloſsquerschnitt in der Höhe des Wasserspiegels in qm,

Q_r Durch die Rohrleitung flieſsende Wassermenge in m³/sec,

N Leistung der Turbinen in PS,

$A = Q_r \cdot H$ in mt/sec,

η Gesamtwirkungsgrad von Turbine und Rohrleitung,

t Zeit in Sekunden.

Nach den Erörterungen im vorigen Abschnitte ist zu setzen

$$Q_r = \frac{N}{H} \frac{0{,}75}{10\,\eta} \quad \cdots \cdots \cdots \quad 1)$$

Zur weiteren Ausrechnung ist es zweckmäſsig, für den stets wiederkehrenden Wert $\dfrac{N \cdot 0{,}75}{10\,\eta}$ eine besondere Bezeichnung einzuführen; man setzt

$$\frac{N \cdot 0{,}75}{10\,\eta} = A \quad \cdots \cdots \cdots \quad 2)$$

womit Gleichung 1) übergeht in

$$Q_r = \frac{A}{H} = \frac{A}{H_g - y} \cdot \quad \cdots \cdots \cdots \quad 3)$$

Die dynamische Grundgleichung, auf die Wassersäule im Stollen angewendet, ergibt ferner bei Berücksichtigung der Reibung

$$\frac{L}{g} \frac{dv}{dt} = y - k\,v^2 \quad \cdots \cdots \cdots \quad 4)$$

Aus der Betrachtung der in das Wasserschloß ein- und der aus ihm austretenden Wassermengen erhält man weiterhin

$$F \frac{dy}{dt} = Q_r - fv \quad \dots \dots \quad 5)$$

In diese Gleichung setzt man den Wert von Q_r aus Gleichung 3) ein und erhält

$$F \frac{dy}{dt} = \frac{A}{H_g - y} - fv \quad \dots \dots \quad 6)$$

Diese Gleichung und die Gleichung 4)

$$\frac{L}{g} \frac{dv}{dt} = y - kv^2 \quad \dots \dots \quad 4)$$

sind die Hauptgleichungen des vorliegenden Problems, sie bilden ein simultanes System, durch dessen Integration y und v als Funktionen der Zeit t ermittelt werden könnten. Im allgemeinen ist dabei F von y und A von t abhängig, und wenn man eine der beiden abhängigen Veränderlichen y und v eliminieren will, muß man die Art der Veränderlichkeit kennen. Die Rechnung soll im folgenden für den einfachsten und zugleich wichtigsten Fall durchgeführt werden, daß F und A konstant sind, d. h. daß das Wasserschloß überall gleichen Querschnitt besitzt und die Turbinenleistung unverändert bleibt. Da praktisch vor allem der Verlauf der Spiegelabsenkung von Interesse ist, eliminiert man zweckmäßigerweise aus den beiden Gleichungen v und $\frac{dv}{dt}$. Die Gleichung 6), nach t differenziert, gibt

$$F \frac{d^2y}{dt^2} = \frac{A}{(H_g - y)^2} \frac{dy}{dt} - f \frac{dv}{dt} \quad \dots \dots \quad 7)$$

In diese Gleichung setzt man den Wert von $\frac{dv}{dt}$ aus Gleichung 4) ein und erhält

$$F \frac{d^2y}{dt^2} = \frac{A}{(H_g - y)^2} \frac{dy}{dt} - f \frac{g}{L} (y - kv^2).$$

Schließlich hat man noch v^2 mit Hilfe der nach v aufgelösten Gleichung 6) einzusetzen, worauf sich ergibt

$$F \frac{d^2y}{dt^2} = \frac{A}{(H_g - y)^2} \frac{dy}{dt} - \frac{fg}{L} \left(y - \frac{k}{f^2} \left[\frac{A}{H_g - y} - F \frac{dy}{dt} \right]^2 \right) \quad 8)$$

Wenn man die Rechnung ausführt und zur Abkürzung konstante Koeffizienten α, β, γ usw. einführt, erhält man schließlich folgende Differentialgleichung für y

$$\alpha \frac{d^2y}{dt^2} + \beta \frac{d^2y}{dt^2} \cdot y + \gamma \frac{d^2y}{dt^2} y^2 + \delta \frac{dy}{dt} + \varepsilon y + \zeta y^2 + \eta y^3 \left. \right\}$$
$$+ \vartheta + \varkappa y \frac{dy}{dt} + \lambda \left(\frac{dy}{dt}\right)^2 + \mu \left(\frac{dy}{dt}\right)^2 y + \nu \left(\frac{dy}{dt}\right)^2 y^2 = 0 \left. \right\} \quad 9)$$

Diese Koeffizienten α, β, γ usw. haben dabei folgende Werte:

$$\alpha = F H_g^2 \qquad\qquad \eta = \frac{fg}{L}$$

$$\beta = -2 F H_g \qquad\qquad \vartheta = -\frac{g k A^2}{f L}$$

$$\gamma = F \qquad\qquad \varkappa = -\frac{2 g k A F}{f L}$$

$$\delta = -A + \frac{2 g k A F H_g}{f L} \qquad \lambda = -\frac{g k F^2}{f L} \qquad 10)$$

$$\varepsilon = \frac{f g H_g^2}{L} \qquad\qquad \mu = \frac{2 g k F^2 H_g}{f L}$$

$$\zeta = -\frac{2 f g H_g}{L} \qquad\qquad \nu = -\frac{g k F^2}{f L}$$

4. Integration für unendlich kleine Schwingungen, Stabilitätsbedingung.

Die allgemeine Integration der Differentialgleichung 9) ist nicht möglich; sie soll daher für den besonderen Fall integriert werden, dafs y immer nur sehr wenig von einem mittleren Werte abweicht, d. h. also für den Fall, dafs eine kleine Schwingungsbewegung um eine Gleichgewichtslage herum vorliegt. Man setzt dazu y gleich einem konstanten Mittelwerte r plus einer geringen veränderlichen Abweichung s; man kann dann s^2 und ebenso alle Produkte $s \frac{ds}{dt}$, $\left(\frac{ds}{dt}\right)^2$ usw. vernachlässigen und somit in die Gleichung 9) setzen

$$y = r + s \qquad\qquad y^2 = r^2 + 2 r s$$

$$\frac{d^2y}{dt^2} = \frac{d^2s}{dt^2} \qquad\qquad y^3 = r^3 + 3 r^2 s$$

$$\frac{d^2y}{dt^2} \cdot y = r \frac{d^2s}{dt^2} \qquad\qquad y \frac{dy}{dt} = r \frac{ds}{dt}$$

$$\frac{d^2y}{dt^2} \cdot y^2 = r^2 \frac{d^2s}{dt^2} \qquad\qquad \left(\frac{dy}{dt}\right)^2 = 0.$$

$$\frac{dy}{dt} = \frac{ds}{dt}$$

Man erhält dadurch folgende Differentialgleichung für s:

$$\left.\begin{aligned}\frac{d^2s}{dt^2}(\alpha + \beta r + \gamma r^2) + \frac{ds}{dt}(\delta + \varkappa r) + s(\varepsilon + 2\zeta r + 3\eta r^2)\\+ (\varepsilon r + \zeta r^2 + \eta r^3 + \vartheta) = 0\end{aligned}\right\} \quad 11)$$

Wenn man die anfangs gemachte Voraussetzung, daſs der Wasserschloſsquerschnitt in jeder Höhe derselbe sei, fallen läſst, erhält man für unendlich kleine Schwingungen ebenfalls diese Gleichung, weil der Ausdruck $\dfrac{dF}{dt} = \dfrac{dF}{dy}\dfrac{dy}{dt}$ nur in Verbindung mit anderen, ebenfalls von erster Ordnung kleinen Gliedern auftritt und deswegen herausfällt. Alle auf unendliche kleine Schwingungen bezüglichen Gleichungen gelten daher auch für den allgemeineren Fall, daſs der Wasserschloſsquerschnitt in verschiedenen Höhen verschieden groſs ist.

Die lineare Differentialgleichung zweiter Ordnung mit konstanten Koeffizienten (Gleichung 11) enthält unter ihren Integralen auch die Gleichung für gedämpfte und angefachte Schwingungen. Bevor auf die weitere Untersuchung der Differentialgleichung eingegangen wird, möge noch eine Bemerkung über ihr konstantes Glied gemacht werden: Man kann zeigen, daſs es stets zu Null wird, wenn das bisher noch nicht näher bestimmte r gleich der Wasserspiegelsenkung für den zu der Leistung N (entsprechend der Konstanten A) gehörigen Beharrungszustand gewählt ist; denn der Ausdruck $\varepsilon r + \zeta r^2 + \eta r^3 + \vartheta$ gleich Null gesetzt und als Gleichung für r aufgefaſst, müſste gerade zur Bestimmung der Spiegelabsenkung für den Beharrungszustand dienen, wie man sofort erkennt, wenn man die Werte der Koeffizienten ε, ζ, η und ϑ aus den Gleichungen 10) einsetzt. Wir wollen diese Wahl von r für das Folgende stets voraussetzen; der Wert s gibt dann in übersichtlicher Weise die Abweichung des augenblicklichen Wasserstandes von dem Wasserstande für den Beharrungszustand an.

Wenn man die Gleichung 11) durch den Koeffizienten von $\dfrac{d^2s}{dt^2}$ dividiert und das eben Gesagte beachtet, erhält man

$$\frac{d^2s}{dt^2} + \frac{\delta + \varkappa r}{\alpha + \beta r + \gamma r^2}\frac{ds}{dt} + \frac{\varepsilon + 2\zeta r + 3\eta r^2}{\alpha + \beta r + \gamma r^2}s = 0 \quad . \quad 12)$$

Das allgemeine Integral dieser Differentialgleichung lautet bekanntlich

$$s = C_1 e^{w_1 t} + C_2 e^{w_2 t} \quad \ldots \ldots \quad 13)$$

wobei C_1 und C_2 willkürliche Integrationskonstanten und w_1 und w_2 die beiden Wurzeln der Gleichung

$$w^2 + \frac{\delta + \varkappa r}{\alpha + \beta r + \gamma r^2}\, w + \frac{\varepsilon + 2\zeta r + 3\eta r^2}{\alpha + \beta r + \gamma r^2} = 0 \quad . \quad 14)$$

sind.

Eine Schwingungsbewegung liegt dann vor, wenn die Wurzeln dieser Gleichung komplex sind, was für die bei Ausführungen vorkommenden Werte der Konstanten in der Regel zutrifft; in diesem Falle (die andere Möglichkeit wird später noch untersucht werden) hängt dann, wie man auf Grund der bekannten Eigenschaften der Differentialgleichung 12) sofort angeben kann, die Art der Bewegung von dem Vorzeichen des Koeffizienten von $\dfrac{ds}{dt}$ ab, und zwar liegt bei positivem Vorzeichen eine gedämpfte, bei negativem eine angefachte Schwingung vor.

Um über das Vorzeichen dieses Koeffizienten zu entscheiden, muſs jetzt vorausgesetzt werden, daſs r, der Reibungsverlust im Stollen für den betreffenden Beharrungszustand, stets kleiner als $\frac{1}{3} H_g$ ist; aus einem später zu erörternden Grunde ist dies bei praktischen Ausführungen stets der Fall. Dann ist der Nenner des Koeffizienten stets positiv, wie sich leicht ergibt, wenn man die Werte der Konstanten α, β und γ aus den Gleichungen 10) einsetzt. Daher stimmt das Vorzeichen des Koeffizienten stets überein mit dem Vorzeichen des Zählers.

Um den Grenzfall zwischen gedämpften und angefachten Schwingungen zu ermitteln, hat man also den Zähler gleich Null zu setzen:

$$\delta + \varkappa r = 0.$$

Durch Einsetzen der Werte von δ und $\varkappa$ aus den Gleichungen 10) ergibt sich daraus:

$$\frac{2\,g\,k\,F}{L f}\,(H_g - r) = 1.$$

$H_g - r$ ist aber das Gefälle für den Beharrungszustand, für welches man H_n schreiben kann, so daſs man schlieſslich als Bedingung für das Eintreten des Grenzfalles erhält

$$\frac{2\,g\,k\,F}{L f}\,H_n = 1 \quad . \quad . \quad . \quad . \quad . \quad . \quad 15)$$

k war dabei ein Koeffizient, welcher, mit dem Quadrate der Wassergeschwindigkeit im Stollen multipliziert, den Reibungsverlust auf dem Wege vom Stausee bis zum Wasserschloſs ergibt, und der auſser der

Reibung an den Stollenwandungen auch einen etwaigen Rechen-
verlust, den Austrittsverlust beim Austritt in das Wasserschloſs und
ähnliche Widerstände umfaſst. In vielen Fällen treten aber diese
Verluste sehr zurück gegenüber der Reibung an den Stollenwandungen,
und man kann dann für einen kreisförmigen Stollenquerschnitt vom
Durchmesser d der Gleichung 15) noch eine einfachere Gestalt geben,
indem man k aus der bekannten Formel für den Druckhöhenverlust h_w

$$h_w = \frac{L}{d}\,\frac{v^2}{2\,g}\,\lambda$$

ermittelt, in der λ von der Rauhigkeit der Stollenwandungen abhängt.
Man erhält dann aus der Gleichung 15) nach einigen Umformungen
das einfache Ergebnis

$$\frac{F\,H_n\,\lambda}{d^3} = \frac{\pi}{4} \quad \ldots \ldots \ldots \quad 16)$$

als Bedingung für das Eintreten des Grenzfalles.

Ebenso ergibt sich, daſs $\delta + \varkappa r$ positiv ist, d. h. daſs die
Schwingungen gedämpft sind, wenn

$$\frac{2\,g\,k\,F\,H_n}{L\,f} > 1 \quad \ldots \ldots \ldots \quad 17)$$

oder, entsprechend Gleichung 16), wenn

$$\frac{F\,H_n\,\lambda}{d^3} > \frac{\pi}{4} \quad \ldots \ldots \ldots \quad 18)$$

ist.

5. Andere Herleitung der Stabilitätsbedingung.

Obwohl die im vorigen Abschnitte gegebene Herleitung der
Stabilitätsbedingung unter den ausgesprochenen Voraussetzungen
mathematisch streng richtig ist, gestattet sie doch keinen bequemen
Einblick in die Ursachen der Schwingungserscheinung; mir scheint
deshalb die folgende, allerdings weniger strenge Herleitung der
Stabilitätsbedingung, welche aber die auf den Verlauf der Erscheinung
einwirkenden Faktoren leicht zu überblicken gestattet, für den Ingenieur
von ebensogroſsem Werte zu sein.

Man denke sich die Aufgabe gewissermaſsen in zwei Teile zer-
spalten und betrachte zunächst unter genauer Berücksichtigung der
Reibung im Stollen den Vorgang, der sich abspielt, wenn die dem
Wasserschloſs sekundlich entnommene Wassermenge, Q_r, konstant

gehalten wird, und untersuche später, ebenfalls für eine kleine Gleichgewichtsstörung, den Vorgang für den Fall, daſs der Reibungsverlust
im Stollen konstant, die dem Wasserschloſs sekundlich entnommene
Wassermenge aber umgekehrt proportional dem jeweiligen Nettogefälle ist, entsprechend den Gleichungen 1) und 3).

Die Darstellung des Vorganges für konstante Wasserentnahme
Q_r ist sehr einfach. Man setze, wie früher, die Spiegelabsenkung
im Wasserschloſs y gleich dem konstanten Mittelwerte r plus einer
kleinen veränderlichen Abweichung s; ebenso setzt man die Wassergeschwindigkeit im Stollen v gleich einem konstanten Mittelwerte
v_m plus einer kleinen veränderlichen Abweichung v_1, also

$$y = r + s$$
$$v = v_m + v_1.$$

Diese Werte führt man in die Gleichungen 4) und 6) ein und
erhält

$$\frac{L}{g} \frac{dv_1}{dt} = r + s - k\,(v_m + v_1)^2$$

$$F \frac{dy}{dt} = Q_r - f\,(v_m + v_1).$$

In der ersten dieser beiden Gleichungen hebt sich r, der mittlere
Reibungsverlust im Stollen, gegen $k\,v_m{}^2$ fort; $v_1{}^2$ ist klein von zweiter
Ordnung und kann vernachlässigt werden; man erhält daher aus der
ersten Gleichung

$$\frac{L}{g} \frac{dv_1}{dt} = s - 2\,k\,v_m\,v_1 \quad \ldots \ldots \quad 19)$$

Ähnlich hat man bei der zweiten Gleichung zu beachten, daſs der
mittlere Wasserzufluſs $f\,v_m$ gleich dem konstanten Abfluſs Q_r sein
muſs; man erhält dann

$$F \frac{ds}{dt} = -f\,v_1 \quad \ldots \ldots \ldots \quad 20)$$

Aus diesen beiden Gleichungen kann v_1 und $\frac{dv_1}{dt}$ eliminiert werden.

Dazu differenziere man Gleichung 20) nach t:

$$F \frac{d^2s}{dt^2} = -f \frac{dv_1}{dt}$$

In diese Gleichung setzt man den aus der Gleichung 19) zu entnehmenden Wert von $\frac{dv_1}{dt}$ ein und erhält

$$F \frac{d^2s}{dt^2} = -f \frac{g}{L}\,(s - 2\,k\,v_1\,v_m).$$

In diese Gleichung setzt man noch v_1 aus Gleichung 20) ein:

$$F \frac{d^2s}{dt^2} = - \frac{f\,g}{L} \left(s + 2\,k\,v_m \frac{F}{f} \frac{ds}{dt} \right).$$

Indem man diese Gleichung durch F dividiert und ordnet, ergibt sich

$$\frac{d^2s}{dt^2} + \frac{2\,g\,k\,v_m}{L} \frac{ds}{dt} + \frac{f\,q}{FL} s = 0 \quad \ldots \ldots \quad 21)$$

Das Integral dieser Differentialgleichung lautet bekanntlich

$$s = e^{\,pt} \left(C_1 \sin q\,t + C_2 \cos q\,t \right) \quad \ldots \ldots \quad 22)$$

wobei

$$p = - \frac{g\,k\,v_m}{L} \quad \ldots \ldots \quad 23)$$

und

$$q = \sqrt{\frac{f\,g}{F\,L} - \frac{g^2\,k^2\,v_m{}^2}{L^2}} \quad \ldots \ldots \quad 24)$$

zu setzen ist. Da die in dem Ausdrucke für p vorkommenden Konstanten ihrem Wesen nach positiv sind, ist p immer negativ; die Schwingungen sind also bei konstanter Wasserentnahme immer gedämpft.

Nunmehr soll der Bewegungsvorgang für den Fall betrachtet werden, dafs die Wasserentnahme umgekehrt proportional dem Gefälle zwischen Wasserschlofs und Unterwasser ist, während der Reibungsverlust im Stollen als konstant angesehen wird. Wenn dieser mit r bezeichnet wird, ist für den Beharrungszustand das Gefälle gleich $H_g - r$ oder gleich H_n. Bezeichnet man ferner, wie früher, die dem Wasserschlofs entzogene Leistung in mt/sec mit A, so ist für den Beharrungszustand

$$Q_r = \frac{A}{H_n}.$$

Es werde nun angenommen, dafs der Beharrungszustand um ein Weniges gestört wird, und dafs der Wasserspiegel im Wasserschlofs eine Sinusschwingung von der kleinen Amplitude a mit der durch Gleichung 24) definierten Periode $\frac{2\,\pi}{q}$ ausführt. Das wirksame Gefälle kann dann dargestellt werden als

$$H = H_n + a \cos q\,t \quad \ldots \ldots \quad 25)$$

Nachdem die Schwingungsbewegung erregt ist, möge nun die Belastung der Turbinen derart eingestellt werden, dafs derselbe mittlere Wasserverbrauch wieder erreicht wird, der vorher beim Beharrungszustande vorhanden war; die neue Leistung, welche dazu dem Wasserschlofs entnommen werden mufs, sei mit A_1 bezeichnet; die Wassermenge Q_r zur Zeit t ist dann

$$Q_r = \frac{A_1}{H} = \frac{A_1}{H_n + a \cos q t} \quad \cdots \cdots \quad 26)$$

und die Bedingung, nach der A_1 bestimmt werden mufs, ist die, dafs der Mittelwert des neuen Q_r gleich dem Q_r beim früheren Beharrungszustande ist, d. h. dafs

$$\text{Mittelwert von } \frac{A_1}{H_n + a \cos q t} = \frac{A}{H_n}, \text{ oder}$$

$$\frac{q}{2\pi} \int_0^{\frac{2\pi}{q}} \frac{A_1}{H_n + a \cos q t} \, d t = \frac{A}{H_n} \quad \cdots \cdots \quad 27)$$

Durch Ausführung der Integration findet man

$$A_1 = A \frac{\sqrt{H_n^2 - a^2}}{H_n}$$

und unter Vernachlässigung höherer Potenzen von $\frac{a}{H_n}$ erhält man

$$A_1 = A \left(1 - \frac{a^2}{2 H_n^2}\right) \quad \cdots \cdots \quad 28)$$

Man betrachte nun die Energie, welche dem Wasserschlofs zugeführt und die Energie, die ihm entzogen wird. Die dem Wasserschlofs im Mittel über eine Periode zugeführte Energie ist ebensogrofs wie beim Beharrungszustande, da der Reibungsverlust im Stollen als unveränderlich und zwar als gleich dem Reibungsverluste im Beharrungszustande vorausgesetzt wurde, und da aufserdem die während einer Periode zufliefsende Wassermenge dieselbe ist wie beim Beharrungszustande; die zugeführte Energie ist also gleich A mt/sec (Gleichung 3). Die dem Wasserschlofs entnommene Energie ist aber kleiner und zwar nur gleich $A_1 = A \left(1 - \frac{a^2}{2 H_n^2}\right)$. Im Mittel über eine Periode bleibt also ein Energiebetrag von $A - A_1 = A \frac{a^2}{2 H_n^2}$ im Wasserschlofs zurück. Die zurückbleibende Energie tritt als Schwingungsenergie des Systems Stollen-Wasserschlofs auf.

Um zu ermitteln, wie schnell infolgedessen die Ausschläge der Wasserspiegelschwingungen zunehmen, mufs man beachten, dafs wegen des als unveränderlich vorausgesetzten Druckverlustes im Stollen die Phase der Wassergeschwindigkeit im Stollen um 90° gegen die Phase der Spiegelschwankungen verschoben ist, und dafs daher die Wassergeschwindigkeit im Stollen gerade ihren mittleren Wert aufweist, wenn die Spiegelschwankung ein Maximum oder Minimum erreicht hat. Die Schwingungsenergie E z. B. für den

Augenblick des höchsten Wasserstandes ist daher gleich dem Gewichte der über das Normalniveau erhobenen Wassermenge, multipliziert mit dem Abstande ihres Schwerpunktes vom Normalniveau, oder

$$E = F\,a\,\frac{a}{2} \quad \cdots \quad \cdots \quad 29)$$

worin a den Ausschlag des Wasserspiegels bedeutet (Gleichung 25). Gleichung 28) besagt, daß im Mittel über eine Periode

$$\frac{dE}{dt} = A\,\frac{a^2}{2\,H_n{}^2} \quad \cdots \quad \cdots \quad 30)$$

sein muß. Aus der Gleichung 29) ergibt sich der Wert von $\dfrac{dE}{dt}$ zu

$$\frac{dE}{dt} = F\,a\,\frac{da}{dt}$$

Durch Vergleichung dieser Gleichung mit Gleichung 30) erhält man

$$A\,\frac{a^2}{2\,H_n{}^2} = F\,a\,\frac{da}{dt} \quad \cdots \quad \cdots \quad 31)$$

und durch Integration

$$a = e^{\frac{A}{2\,F\,H_n{}^2}\,t} \cdot a_0 \quad \cdots \quad \cdots \quad 32)$$

Der im Exponenten vor t stehende Koeffizient ist immer positiv, und man ersieht daher aus dieser Gleichung, daß die Schwingungen immer zunehmen, wenn die Reibung im Stollen konstant oder überhaupt vernachlässigbar klein ist.

Wir haben jetzt zwei Fälle untersucht, wobei für den ersten die Veränderlichkeit der Wasserentnahme, für den zweiten die Veränderlichkeit der Reibung im Stollen vernachlässigt wurden. Außer diesen beiden in je einer besonderen Untersuchung beachteten Ursachen gibt es keine anderen für eine Dämpfung oder Anfachung der Schwingungsbewegung. Für die hier stets vorausgesetzten kleinen Schwingungen darf man daher annehmen, daß sich im wirklichen Vorgange beide Einflüsse ohne Störung superponieren; man kann also sagen, daß die Schwingungen dann gerade weder zu- noch abnehmen, wenn der dämpfende Einfluß der Reibung ebensogroß ist wie der schwingungserregende Einfluß der wechselnden Wasserentnahme; dieser Einfluß wird angegeben durch die Koeffizienten, die in den Gleichungen 22) und 32) im Exponenten von e vor t stehen. Um den Grenzfall zu ermitteln, setzt man also

$$p + \frac{A}{2\,F\,H_n{}^2} = 0$$

oder nach Einsetzung des Wertes von p aus Gleichung 23)

$$- \frac{g\,k\,v_m{}^2}{L} + \frac{A}{2\,F\,H_n{}^2} = 0.$$

Wenn man noch berücksichtigt, dafs $v_m = \dfrac{Q_{rm}}{f} = \dfrac{A}{H_n f}$ ist, erhält man hieraus die früher auf strengerem Wege gefundene Bedingung für den Grenzfall:

$$\frac{2\,g\,k\,F\,H_n}{L\,f} = 1 \quad\cdot\ \cdot\ \cdot\ \cdot\ \cdot\ \cdot\ 15)$$

Ebenso findet man, indem man $p + \dfrac{A}{2\,F\,H_n{}^2} < 0$ setzt, wie früher als Bedingung dafür, dafs die Schwingungen gedämpft sind

$$\frac{2\,g\,k\,F\,H_n}{L\,f} > 1 \quad\cdot\ \cdot\ \cdot\ \cdot\ \cdot\ \cdot\ 17)$$

oder

$$\frac{F\,H_n\,\lambda}{d^3} > \frac{\pi}{4} \quad\cdot\ \cdot\ \cdot\ \cdot\ \cdot\ \cdot\ 18)$$

---

6. Diskussion der Stabilitätsbedingung.

Die gefundene Stabilitätsbedingung (Gleichung 17) zeigt, dafs das Auftreten angefachter Schwingungen nur insoferne am ehesten bei grofsen Belastungen des Werkes zu befürchten ist, als dabei das Nettogefälle für den Beharrungszustand, H_n, am kleinsten ausfällt; für den öfters zutreffenden Fall, dafs auch bei gröfster Belastung des Werkes der Druckhöhenverlust durch die Reibung im Stollen im Vergleiche zu dem Gesamtgefälle gering ist, ergibt sich aus ihr das wichtige Resultat, dafs die Gefahr für das Auftreten angefachter Schwingungen für alle Belastungen nahezu gleich ist.

Die Ungleichungen 17) und 18) können, wenn es sich um eine neu zu erbauende Anlage handelt, in der Regel als eine Bedingung für den kleinsten zulässigen Wasserschlofsquerschnitt angesehen werden, denn die Länge des Stollens wird durch die Geländeverhältnisse bestimmt und die Bemessung seines Querschnittes wird meist vorwiegend auf Grund wirtschaftlicher Erwägungen, mit Rücksicht auf den Wert der durch die Reibung verloren gehenden Energie erfolgen müssen; den Rauhigkeitsgrad der Stollenwandungen wird man aus demselben Grunde stets so klein als möglich machen; ebenso ist das Gefälle gegeben, so dafs als Gröfse, die variiert werden kann, nur der Wasserschlofsquerschnitt F verbleibt. Natürlich wird man verlangen, dafs zur Sicherheit F noch gröfser gemacht wird, als es zur Erfüllung der Stabilitätsbedingung unbedingt sein müfste.

Es mufs hier hinzugefügt werden, dafs man auch, wenn die Stabilitätsbedingung nicht erfüllt ist, durch besondere Freilaufventile, welche von den Turbinenreglern oder von einem im Wasserschlofs angebrachten Schwimmer oder ähnlichen Vorrichtungen oder schliefslich von Hand gesteuert werden, eine Dämpfung der Schwingungen erzielen oder wenigstens verhüten kann, dafs die Schwingungen eine gefährliche Gröfse erreichen. Bei der bereits eingangs erwähnten Anlage ist dieser Weg mit Erfolg beschritten worden.

Die im vorigen Abschnitte angestellte Betrachtung gestattet es auch noch leicht anzugeben, wie man ein von Hand betätigtes Freilaufventil handhaben mufs, um die Schwingungen, welche sich bei nicht erfüllter Stabilitätsbedingung einstellen, möglichst schnell zum Verschwinden zu bringen: man mufs dem Wasserschlofs möglichst viel Energie entziehen und ihm dabei auch möglichst wenig Wasser entnehmen, damit ihm durch das Nachfliefsen des Wassers aus dem Stausee möglichst wenig neue Energie zugeführt wird. Die wirksamste Dämpfung wird somit dadurch erzielt, dafs das Freilaufventil offen gehalten wird solange der Wasserspiegel im Wasserschlofs höher ist als der mittlere Wasserstand. Das Wasser, welches durch das Freilaufventil strömt, solange der Wasserstand nur wenig höher als der mittlere ist, trägt dabei allerdings zur Dämpfung nur wenig bei, und wenn man Wasser sparen will, ist es daher geraten, das Freilaufventil erst dann zu öffnen, wenn der Wasserspiegel sich um einen gewissen Betrag über den mittleren Stand erhoben hat, und es schon wieder zu schliefsen, wenn der sinkende Wasserspiegel noch um diesen Betrag höher ist als der mittlere Wasserstand.

Für ein neu zu errichtendes Kraftwerk wird man aber womöglich derartige Vorrichtungen, welche, ganz abgesehen von den Wasserverlusten, eine unerwünschte Komplikation der Anlage und des Betriebes bedeuten, vermeiden und genügend grofs bemessene Wasserschlösser verwenden.

Ebenso können in besonderen Fällen die Ausschläge der Schwingungen auch dadurch auf ein unschädliches Mafs herabgedrückt werden, dafs am Wasserschlofs, etwa in der Höhe des höchsten Wasserstandes im Stausee, ein Überfall angebracht wird, welcher jedesmal, wenn der Wasserspiegel im Schlofs über diese Höhe steigt,

Wasser austreten läſst; man könnte bereits durch Überfälle von verhältnismäſsig geringer Breite eine genügende Dämpfung der Schwingungen erzielen; leider verbietet sich aber dieser Ausweg, wenn der
Wasserstand im Stausee stark wechselt, was in den meisten Fällen
zutrifft; man müſste dann die Höhe der Überfallkante veränderlich
machen und dem jeweiligen Wasserstand im Stausee entsprechend
einstellen. Dies aber würde einen unverhältnismäſsig groſsen kon-
struktiven Aufwand erfordern und den Betrieb verwickelt gestalten.

In der Regel wird es daher vorzuziehen sein, den Wasserschloſsquerschnitt so groſs zu machen, daſs die Stabilitätsbedingung mit
hinreichender Sicherheit erfüllt ist.

Die Stabilitätsbedingung ist allerdings nur für den Fall der
konstanten Belastung abgeleitet worden; in Wirklichkeit ist zwar die
Belastung kaum jemals ganz konstant, doch bringen die fast immer
vorliegenden unregelmäſsigen kleinen Belastungsschwankungen keine
wesentliche Änderung der Verhältnisse; da, von Ausnahmefällen
abgesehen, stets viele Schwingungsperioden vergehen, bevor die Ausschläge eine gefährliche Gröſse erreichen, kommt es nur darauf an,
daſs die Belastungsänderungen nicht periodisch in Intervallen erfolgen, welche der Schwingungsdauer des Systems Stollen-Wasser-
schloſs sehr nahe entsprechen. Diese Möglichkeit kann meist als
ausgeschlossen gelten, und somit ist es auch gerechtfertigt, den Fall
der konstanten Belastung für den wichtigsten zu bezeichnen und
vor allem dafür zu sorgen, daſs bei ihm keine angefachten Schwingungen auftreten.

---

7. Aperiodische Bewegungsformen.

Wenn man den Wasserschloſsquerschnitt F für eine gegebene
Anlage kleiner macht, als die Stabilitätsbedingung verlangt und dann,
ohne an den übrigen Verhältnissen etwas zu ändern, noch weiter
verkleinert, nimmt das Verhältnis zweier aufeinander folgenden Am-
plituden für sehr kleine Ausschläge immer mehr zu. Es wird nun
durch den Vergleich mit den an ausgeführten Anlagen gewonnenen
Erfahrungen wahrscheinlich gemacht, daſs bei hinreichender Verkleinerung von F überhaupt keine Schwingungsbewegung mehr auftritt, sondern daſs eine sehr kleine Gleichgewichtsstörung ohne Schwingung zu einer groſsen Störung auswächst. Dieser Fall kann offen-
bar nur dann eintreten, wenn die Differentialgleichung eine aperio-

dische Lösung hat, d. h. wenn die Wurzeln der charakteristischen Gleichung 14) reell sind. Die Wurzeln dieser Gleichung sind:

$$w = -\frac{\delta + \varkappa r}{\alpha + \beta r + \gamma r^2} \pm \sqrt{\left(\frac{\delta + \varkappa r}{\alpha + \beta r + \gamma r^2}\right)^2 - \frac{\varepsilon + 2\zeta r + 3\eta r^2}{\alpha + \beta r + \gamma r^2}} \qquad 33)$$

Für den Fall der aperiodischen Bewegung ist der Ausdruck unter dem Wurzelzeichen dieser Gleichung positiv, sonst negativ, im Grenzfall ist er gleich Null. Um den Grenzfall zu ermitteln, setzt man also:

$$\left(\frac{\delta + \varkappa r}{\alpha + \beta r + \gamma r^2}\right)^2 - \frac{\varepsilon + 2\zeta r + 3\eta r^2}{\alpha + \beta r + \gamma r^2} = 0 \quad \ldots \ldots \quad 34)$$

Indem man in diese Gleichung die Werte der Koeffizienten aus den Gleichungen 10) einsetzt, erhält man nach einigen Zwischenrechnungen die folgende Beziehung zwischen den Konstanten des Problems, welche für den Grenzfall erfüllt sein muſs:

$$\left.\begin{array}{l}\left(\dfrac{A - 2gkAF}{Lf_1}\right)^2 \\[2ex] -\left\{\dfrac{4fg}{L}[H_g{}^4 - 6H_g{}^3 r + 12H_g{}^2 r^2 - 10H_g r^3 + 3r^4]\right\} = 0\end{array}\right\} \quad 35)$$

Man kann diese Beziehung als eine Gleichung für den erforderlichen Wasserschloſsquerschnitt F auffassen, der, wie oben dargelegt wurde, hauptsächlich zur Wahl freisteht. Man hat dann eine quadratische Gleichung für F, deren Auflösung durch längere Rechnung in die folgende Form gebracht werden kann:

$$\left.\begin{array}{l}F = \dfrac{Lf}{2gk(H_g - r)} \\[2ex] \left\{[1 + \dfrac{f^2}{kA^2}(H_g - r)^2(H_g - 3r)] \pm \sqrt{[1 + \dfrac{f^2}{kA^2}(H_g - r)^2(H_g - 3r)]^2 - 1}\right\}\end{array}\right\} \quad 36)$$

Zuerst soll nun untersucht werden, wann die Lösungen dieser Gleichung reell sind und dann soll die Bedeutung der beiden Wurzeln dargelegt werden.

Die Lösungen der Gleichung sind reell, wenn die Klammergröſse unter dem Wurzelzeichen gröſser als eins ist. Da alle in der Gleichung vorkommenden Konstanten dem Wesen nach reell und positiv sind, ist die notwendige und hinreichende Bedingung hierfür, daſs $3r < H_g$ ist. Sobald $3r > H_g$ ist, sind die Lösungen komplex, und der Grenzfall zwischen aperiodischer und periodischer Bewegung kann durch gar keine Wahl des Wasserschloſsquerschnittes herbeigeführt werden.

Dieses Resultat läßt eine sehr einfache mechanische Deutung zu. Man betrachte nämlich die Leistung der Turbinenanlage für einen Beharrungszustand, sie ist

$$N = 10 \; Q H_n \frac{\eta}{0,75}$$

oder, da

$$H_n = H_g - kv^2$$

und

$$Q = f v$$

$$N = 10 f v \, (H_g - v^2) k \frac{\eta}{0,75} \quad \cdots \cdots \quad 37)$$

Man ermittele nun unter der stets gemachten Voraussetzung, daß der Wirkungsgrad η von Turbinen und Rohrleitung zusammen konstant sei, den Wert von v, für den das Maximum der Leistung N eintritt. Man setzt also, indem man Gleichung 37) nach v differentiiert,

$$\frac{d N}{d v} = 0 = 10 f \frac{\eta}{0,75} \, (H_g - 3 \, k v^2)$$

und erhält somit als Bedingung für das Maximum der Turbinenleistung:

$$H_g - 3 \, k v^2 = 0$$

$k v^2$ war aber der Druckhöhenverlust im Stollen, und somit ergibt sich ganz allgemein, daß das Leistungsmaximum einer Wasserkraftanlage bei unbegrenztem Wasserzufluß stets dann erreicht wird, wenn ein Drittel des Bruttogefälles durch Reibungsverluste in der Zuleitung verbraucht wird. Wenn mehr Wasser verbraucht wird, als diesem Reibungsverluste entspricht, nimmt die Turbinenleistung wieder ab, weil die Abnahme des wirksamen Gefälles dann mehr ausmacht als die Zunahme der Wassermenge. Wenn also an einer Turbinenanlage mit Wasserschloß ein Beharrungszustand vorliegen würde, bei dem $3 r > H_g$ ist und z. B. eine kleine Belastungsvergrößerung der Turbinen vorgenommen wird, werden die Turbinen durch das Sinken der Umlaufzahl etwas geöffnet; dieses Öffnen bringt aber alsbald keine Vergrößerung, sondern eine Verkleinerung der Leistung hervor, so daß die Regler die Turbinen noch weiter öffnen usf. Es ist leicht ersichtlich, daß in diesem Falle jeder kleine Anstoß zu einer aperiodischen, stets weiter wachsenden Bewegung (bis zur Erreichung der Anschläge) führen muß, daß somit tatsächlich für keinen Wert von F der Grenzfall zwischen periodischer und aperiodischer Bewegung eintreten kann.

Bei ausgeführten Anlagen wird man aus Gründen der Wasserersparnis stets mit beträchtlich geringeren Reibungsverlusten arbeiten, als dem Leistungsmaximum entspricht; dadurch erhält auch die früher (S. 12) gemachte Voraussetzung $3\,r < H_g$ ihre Begründung. An dieser Voraussetzung soll auch für das Folgende festgehalten werden.

Die beiden Wurzeln der Gleichung für F (Gleichung 36), welche die Grenze zwischen periodischer und aperiodischer Bewegung angeben, sind dann stets reell und positiv; der Wert von F, der dem negativen Vorzeichen vor der Wurzel entspricht, sei mit F_1, der andere mit F_3 bezeichnet. Um die Bedeutung dieser beiden Werte zu erkennen, muß man ermitteln, ob die Bewegung innerhalb oder außerhalb des Bereiches $F_1 - F_3$ periodisch verläuft; dies geschieht am einfachsten, indem man probeweise rein formal $F = +\infty$ und $F = -\infty$ in die Gleichung 33) einsetzt; wenn man noch beachtet, daß die beiden Glieder der linken Seite von Gleichung 35) den beiden Gliedern unter dem Wurzelzeichen der Gleichung 33) entsprechen, findet man, daß für die genannten Werte von F die Wurzeln w reell werden. Daraus folgt, daß die Bewegung aperiodisch wird, wenn F außerhalb des Bereiches $F_1 - F_3$ liegt, und daß eine Schwingungsbewegung auftritt, wenn F in diesem Bereiche enthalten ist.

Für den Fall, daß eine Schwingungsbewegung vorliegt, war früher gefunden worden, daß die Schwingungen angefacht oder gedämpft sind, je nachdem $\dfrac{2\,g\,k\,F\,(H_g - r)}{L\,f}$ kleiner oder größer als eins ist (Gleichung 17), oder (nach F aufgelöst) je nachdem F kleiner oder größer als $\dfrac{L\,f}{2\,g\,k\,(H_g - r)}$ ist. Der Grenzwert von F, $\dfrac{L\,f}{2\,g\,k\,(H_g - r)}$, möge F_2 genannt werden. Der Faktor, welcher vor der Klammer in der zur Bestimmung von F_1 und F_3 dienenden Gleichung 36) steht, ist aber gerade gleich F_2, und da man leicht sieht, daß der Wert der Klammergröße für das negative Vorzeichen der Wurzel stets kleiner, für das positive stets größer ist als eins, folgt, daß stets $F_1 < F_2 < F_3$ ist.

Der Charakter der Bewegung für den Fall, daß F außerhalb des Bereiches F_1 bis F_3 liegt, hängt ganz von den Vorzeichen der Wurzeln der charakteristischen Gleichung 14) ab, welche gegeben waren durch:

$$w = -\frac{\delta + \varkappa r}{\alpha + \beta r + \gamma r^2} \pm \sqrt{\left(\frac{\delta + \varkappa r}{\alpha + \beta r + \gamma r^2}\right)^2 - \frac{\varepsilon + 2\zeta r + 3\eta r^2}{\alpha + \beta r + \gamma r^2}} \quad 33)$$

Um über das Vorzeichen der Wurzeln zu entscheiden, sei zunächst daran erinnert, daſs die im Nenner stehende Gröſse $\alpha + \beta r + \gamma r^2$ stets positiv ist, so lange $3 r < H_g$ ist; dasselbe läſst sich auch unter derselben Voraussetzung für den Zähler $\varepsilon + 2 \zeta r + 3 \eta r^2$ erweisen, indem man die Werte der Koeffizienten nach den Gleichungen 10) einsetzt. Der Ausdruck $\dfrac{\varepsilon + 2 \zeta r + 3 \eta r^2}{\alpha + \beta r + \gamma r^2}$ unter dem Wurzelzeichen der Gleichung 33) ist daher stets positiv, und damit fällt auch der absolute Betrag der Wurzel stets kleiner aus als der absolute Betrag des vor der Wurzel stehenden Gliedes (solange die Wurzel, wie in dem angenommenen Fall, reell ist). Das Vorzeichen der beiden Wurzeln w hängt daher allein von dem Vorzeichen dieses Gliedes ab, welches bereits im vierten Abschnitt untersucht wurde. Indem man auf diese frühere Untersuchung zurückgreift, erkennt man, daſs die beiden Wurzeln w positiv oder negativ sind, je nachdem F kleiner oder gröſser als F_2 ist.

---

8. Zusammenfassung; Beispiele für die charakteristischen Wasserschloſsquerschnitte.

Wenn man jetzt noch die verschiedenen Arten der Spiegelschwankungen für kleine Gleichgewichtsstörungen zusammenfaſst, die eintreten, wenn man sich den Wasserschloſsquerschnitt, von kleinen Werten anfangend, allmählich vergröſsert denkt, so gewinnt man folgendes Bild: Für kleine Werte von F, die noch unter F_1 liegen, wächst jede noch so kleine Gleichgewichtsstörung ohne Schwingungsbewegung zu einem endlichen Ausschlage aus; wenn F zwischen F_1 und F_2 liegt, tritt eine angefachte Schwingungsbewegung auf; für zwischen F_2 und F_3 liegende Werte von F ist die Schwingungsbewegung gedämpft, und wenn F gröſser ist als F_3, wird nach jeder kleinen Störung der neue Beharrungszustand ohne Schwingungen erreicht.

Um über die Gröſsenordnung der verschiedenen Wasserschloſs-querschnitte ein Urteil zu gewinnen, habe ich

$$F_1 = \frac{Lf}{2gk(H_g - r)} \left\{ \left[1 + \frac{f^2}{kA^2} (H_g - r)^2 (H_g - 3r) \right] - \right.$$

$$-\sqrt{\left[1+\frac{f^2}{k\,A^2}(H_g-r)^2\,(H_g-3\,r)\right]^2-1}\Bigg\}$$

$$F_2=\frac{Lf}{2\,g\,k\,(H_g-r)}$$

und

$$F_3=\frac{Lf}{2\,g\,k\,(H_g-r)}\left\{\left[1+\frac{f^2}{k\,A^2}(H_g-r)^2\,(H_g-3\,r)\right]+\right.$$
$$\left.+\sqrt{\left[1+\frac{f^2}{k\,A^2}(H_g-r)^2\,(H_g-3\,r)\right]^2-1}\right\}$$

für vier Beispiele berechnet.

1. Beispiel:

$H_g=10$ m, $\quad L=301$ m, $\quad f=12{,}57$ qm (4 m Durchmesser)

$k=0{,}0712\,\dfrac{\text{sec}^2}{\text{m}}$ (entsprechend λ[1]) $=$ ca. 0,018),

$A=250$ mt/sec (entsprechend $N=$ ca. 2500 PS),

woraus sich berechnet:

$$r=0{,}299\ \text{m}$$

und

$\quad F_1=4{,}20$ qm, $\qquad F_2=279$ qm, $\qquad F_3=17\,560$ qm.

2. Beispiel:

$H_g=6{,}8$ m, die übrigen Gröfsen wie beim ersten Beispiel (etwa für dieselbe Anlage bei Hochwasser geltend). Es folgt

$$r=0{,}778\ \text{m}$$

und

$\quad F_1=33{,}6$ qm, $\qquad F_2=450$ qm, $\qquad F_3=6040$ qm.

3. Beispiel:

$H_g=50$ m, $\quad L=301$ m, $\quad f=2{,}53$ qm (1,8 m Durchmesser)

$k=0{,}1535\,\dfrac{\text{sec}^2}{\text{m}}$ (entsprechend $\lambda=$ ca 0,016),

$A=250$ mt/sec (entsprechend $N=$ ca. 2500 PS),

woraus

$$r=0{,}616\ \text{m}$$

und

$\quad F_1=0{,}0323$ qm, $\qquad F_2=5{,}13$ qm, $\qquad F_3=812$ qm.

4. Beispiel:

$H_g=200$ m, $\quad L=1300$ m, $\quad f=19{,}6$ qm (5 m Durchmesser)

$k=0{,}221\,\dfrac{\text{sec}}{\text{m}^2}$ (entsprechend $\lambda=$ ca. 0,013),

$A=9000$ mt/sec (entsprechend $N=$ ca. 90000 PS),

---

[1]) Siehe S. 13.

es folgt:

$$r = 1,18 \text{ m}$$

und

$$F_1 = 0,088 \text{ qm}, \qquad F_2 = 29,6 \text{ qm}, \qquad F_3 = 9950 \text{ qm}.$$

Aus diesen Beispielen geht sofort hervor, daſs der zur Herbei-
führung eines aperiodischen Überganges von einem Gleichgewichts-
zustande zu einem neuen mindestens notwendige Wasserschloſsquerschnitt F_3 so groſs ist, daſs er bei einem künstlich angelegten Wasserschloſs kaum jemals erreicht werden wird. Da auſserdem kein Be-
dürfnis vorliegt, die Schwingungsbewegung ganz zu unterdrücken,
ist der Wert von F_3 technisch ohne Interesse.

Ein groſses Interesse verdient dagegen der die Grenze der
Stabilität kennzeichnende Wert F_2; es könnte sehr wohl vorkommen,
daſs er bei Ausführungen unterschritten würde, wenn bei der Bemessung des Wasserschloſsquerschnittes auf Schwingungserscheinungen
nicht geachtet wurde. Besonders liegt diese Gefahr dann vor, wenn
der Stollen verhältnismäſsig kurz ist; denn in der Gleichung für F_2

$$F_2 = \frac{L f}{2 \, g \, k \, H_n}$$

ist das im Nenner stehende k — der Druckverlust im Stollen bei
1 m/sec Wassergeschwindigkeit, annähernd L proportional, so daſs
sich F_2 wenig oder gar nicht ändert, wenn die Stollenlänge kleiner
wird, während mit Rücksicht auf die erstmaligen Ausschläge des
Wasserstandes bei gröſseren Belastungsänderungen der Wasserschloſsquerschnitt um so kleiner genommen werden kann, je kleiner L ist.

Es dürfte auch öfters vorkommen, daſs F_1 nahezu erreicht oder
sogar unterschritten wird, und zwar weniger bei eigentlichen Wasserschlössern als bei sog. Standrohren. Bei Kraftwerken mit nur sehr
langsam veränderlicher Belastung — Elektrizitätswerken für Licht-
betrieb — errichtet man manchmal Standrohre zu dem Zwecke bei
plötzlichen Entlastungen durch auſsergewöhnliche Vorfälle, z. B.
durch Kurzschlüsse, die Rohrleitung vor gefährlichen Drucksteigerungen zu schützen; der Standrohrquerschnitt kann dann klein gemacht werden, auch kleiner als F_2, weil das Überlaufen des Wassers
über den Rand des Standrohres ein unzulässiges Anwachsen der
Schwingungen verhindert. Eine Gefahr entsteht aber, wenn der
Standrohrquerschnitt kleiner gemacht wird als F_1; bei strenger Erfüllung unserer Voraussetzungen würde dann auch eine ganz kleine
Belastungsvergröſserung zur vollständigen Eröffnung der Turbine

verläuft allerdings die Bewegung des Wasserspiegels ziemlich schnell, so daſs die Vernachlässigungen, welche für langsame Bewegungen ohne merklichen Fehler zulässig waren (besonders das »Nacheilen« der Regler), hier das Ergebnis beeinträchtigen können. Wie weit dieser Einfluſs reichen kann, ersieht man am besten aus dem Verhalten der Regulierung bei Turbinenanlagen ohne Wasserschloſs, aber mit geschlossener Wasserzuführung durch eine Rohrleitung: um die in solchen Fällen wesentlich mitwirkende Elastizität der Rohrwandungen und des Wassers näherungsweise zu berücksichtigen, kann man sich an die Stelle der wirklichen Anlage eine andere gesetzt denken, welche eine starre Rohrleitung mit nicht zusammendrückbarem Wasser und ein sehr kleines Wasserschloſs besitzt, welches die beseitigt gedachte Elastizität ersetzt. Der instabile Bewegungsvorgang, der sich (wegen $F < F_1$) aus den obigen Ableitungen für die gedachte Anlage ergibt, müſste dann, wenn die begangenen Vernachlässigungen für diesen Fall zulässig wären, mit dem wirklichen Bewegungsvorgange übereinstimmen. Dies trifft nicht zu, und zwar erreicht man in solchen Fällen eine stabile Regulierung durch absichtliche Vergröſserung der Verzögerung der Reglerwirkung, indem man den Reglern einen groſsen Ungleichförmigkeitsgrad verleiht. Die gesteigerte Verzögerung gewinnt dann bei dem schnellen Verlauf der Bewegung derart an Wirksamkeit, daſs sie den Charakter der Erscheinung ganz ändert und den Bewegungsvorgang stabil macht; dabei ist natürlich der Wasserdurchlaſs der Turbinen nicht mehr umgekehrt proportional dem wirksamen Gefälle, und die infolgedessen unvermeidlichen aber schnell vorübergehenden Veränderungen der Turbinenleistung müssen durch reichlich groſse Schwungmassen aufgenommen werden. Wenn aber versuchsweise oder aus Unkenntnis die Vergröſserung des Ungleichförmigkeitsgrades unterlassen wird, treten bekanntlich instabile Bewegungen ein von dem Charakter, der sich durch die Rechnung für ein Wasserschloſs mit $F < F_1$ ergibt. Die Oberfläche des gedachten Wasserschlosses, welches die Elastizität der Wasserzuleitung vertreten soll, ergibt sich stets als sehr klein; die ausgeführten Standrohre weisen viel gröſsere Oberflächen auf, und dementsprechend verläuft bei ihnen die Bewegung langsamer; trotzdem dürfte bei ihnen oft die Verzögerung der Reglerwirkung noch mitsprechen. Die tatsächlichen Verhältnisse werden dadurch günstiger, als sie nach der Rechnung erscheinen. Immerhin befindet man sich aber in einer Gefahrzone, sobald der Standrohr-durch den Regler führen. Bei derartig kleinen Standrohrquerschnitten

querschnitt nur wenig gröfser oder sogar kleiner als F_1 angenommen wird.

Da somit der Wert F_1 von technischem Interesse ist, und es
auch bei ihm wegen des störenden Einflusses verschiedener anderer
Faktoren sowieso nicht auf grofse Genauigkeit ankommt, soll im
folgenden noch ein Näherungswert für F_1 abgeleitet werden, der
sich ergibt, wenn auch die Reibung im Stollen vernachlässigt wird.

Wenn man dazu in dem Ausdruck für F_1

$$F_1 = \frac{L f}{2 g k (H_g - r)} \left\{ \left[1 + \frac{f^2}{k A^2} (H_g - r)^2 (H_g - 3 r) \right] - \right.$$
$$\left. - \sqrt{\left[1 + \frac{f^2}{k A^2} (H_g - r)^2 (H_g - 3 r) \right]^2 - 1} \right. \quad . \quad . \quad 36)$$

die Reibung gleich Null annimmt, indem man $k = 0$ und $r = 0$
setzt, so erscheint F_1 unter der Form $\frac{0}{0}$. Man mufs also entweder
nach den bekannten Regeln den Grenzwert von F_1 für $k = 0$ bestimmen, oder mufs, wenn man dies umgehen will, die ganze Ab·
leitung wiederholen, indem man von vorne herein $k = 0$ einführt;
man kommt dann ohne Grenzwertbestimmung zum Ziel. Auf beiden
Wegen erhält man

$$F_1 = \frac{A^2 L}{4 f g H_g^4} \quad . \quad . \quad . \quad . \quad . \quad . \quad 38)$$

Diese Formel ist insofern der früheren überlegen, als sie die
Abhängigkeit des F_1 von den Konstanten des Problems besser her-
vortreten läfst. Um den Fehler zu beurteilen, den man dabei
durch Vernachlässigung der Reibung begangen hat, habe ich für
die oben angeführten Beispiele F_1 nach Gleichung 38) ausgerechnet
und habe erhalten

1. Beispiel $F_1 = 3,82$ statt $4,20$ qm
2. » $F_1 = 17,85$ » $33,6$ »
3. » $F_1 = 0,0305$ » $0,0323$ »
4. » $F_1 = 0,086$ » $0,088$ »

Die Formel 38) gibt eine bessere Annäherung, wenn man bei
Einsetzung des Gefälles den Druckverlust im Stollen für den Beharrungszustand berücksichtigt, also statt Gleichung 38) schreibt

$$F_1 = \frac{A^2 L}{4 f g H_n^4} \quad . \quad . \quad . \quad . \quad . \quad 39)$$

Aus dieser Formel erhält man für dieselben Beispiele wie oben
folgende Werte von F_1

1. Beispiel $F_1 = 4{,}31$ statt $4{,}20$ qm
2.   » $F_1 = 29{,}0$ » $33{,}6$ »
3.   » $F_1 = 0{,}0320$ » $0{,}0323$ »
4.   » $F_1 = 0{,}088$ » $0{,}088$ »

Der Fehler, den man durch Vernachlässigung der Reibung begangen hat, ist somit verschwindend gegenüber den aus anderen Ursachen entspringenden Fehlern. Bemerkenswert an der Formel 39) ist das Vorkommen von A^2 im Zähler; A ist der Leistung der Turbinen proportional, und es ist daher zur Verhütung des dauernden Anwachsens einer kleinen Gleichgewichtsstörung ein um so gröfserer Standrohrquerschnitt erforderlich, je gröfser die Belastung des Werkes ist, oder bei feststehendem Standrohrquerschnitt nimmt die Gefahr für das Eintreten dieser Erscheinung mit der Belastung des Werkes zu. In dieser Beziehung liegen die Verhältnisse hier ganz ähnlich denen, die beim Fehlen eines Standrohres vorliegen, wo bekanntlich das »Pendeln« der Regler am leichtesten bei grofsen Beaufschlagungen eintritt.

9. Verfahren zur näherungsweisen Integration der Hauptgleichungen für endliche Ausschläge.

Inwiefern die bisher abgeleiteten Beziehungen auch für endliche Gleichgewichtsstörungen zutreffen, liefse sich am besten durch den Vergleich mit der Erfahrung an ausgeführten Anlagen entscheiden, an denen störende Schwingungserscheinungen beobachtet worden sind. Bisher liegt nur für die bereits erwähnte Anlage des Rurtalsperrenvereins eine Veröffentlichung vor; leider reichen aber die dabei gemachten Angaben nicht aus, um eine vollständige Nachrechnung zu ermöglichen; eine unter Benützung der veröffentlichten Zeichnungen angestellte überschlägliche Berechnung ergab nur, dafs der ausgeführte Wasserschlofsquerschnitt von dem Werte F_2 nicht sehr verschieden ist. Auch für die Zukunft sind weitere Aufschlüsse durch Beobachtungen an Wasserkraftanlagen nicht zu erwarten, da man sich natürlich sehr davor hüten wird, mit den Wasserschlofsquerschnitten bis in die Nähe von F_2 herunterzugehen.

Wenn man sich weiteren Aufschlufs über die Anwendbarkeit der für kleine Störungen abgeleiteten Beziehungen auf grofse Störungen verschaffen will, bleibt nichts anderes übrig, als die allgemeine Differentialgleichung des Problems für verschiedene Zahlenbeispiele durch ein Näherungsverfahren stufenweise zu integrieren. Diese Integration wird am zweckmäfsigsten für das simultane System der Differentialgleichungen 4) und 6) durchgeführt; die stufenweise Integration der Differentialgleichung 9), in der nur eine abhängige Veränderliche vorkommt, würde einen weit gröfseren Aufwand an Rechenarbeit erfordern und aufserdem weniger anschaulich sein.

Die einfachste Art der Rechnung ergibt sich, wenn man in den Gleichungen 4) und 6) überall an Stelle der Differentiale dy, dv und dt die kleinen Differenzen $\varDelta y$, $\varDelta v$ und $\varDelta t$ setzt und sie dann auf die Form

$$\varDelta y = \frac{1}{F} \left(\frac{A}{H_g - y} - f v \right) \varDelta t \ \ . \ \ . \ \ . \ \ . \ \ 6\text{a)}$$

$$\varDelta v = \frac{g}{L} \left(y - k v^2 \right) \varDelta t \ \ . \ \ . \ \ . \ \ . \ \ . \ \ . \ \ 4\text{a)}$$

bringt. Um die Rechnung auszuführen, setzt man für irgend eine Zeit t, für die man die Werte von y und v bereits kennt, diese Werte und die entsprechenden Werte von F und A in die obigen Gleichungen ein und erhält dadurch näherungsweise den Zuwachs, den y und v in dem folgenden kleinen Zeitintervall $\varDelta t$ erfahren. Man hat dadurch die Werte von y und v für die Zeit $t + \varDelta t$ gefunden und kann nun in derselben Art fortfahren. Voraussetzung ist natürlich, wie stets, dafs man den Zustand des Systems, also y und v, für den Beginn der Rechnung kennt; wenn es sich um den Fall handelt, dafs ein Beharrungszustand durch eine Belastungsänderung gestört wird, hat man für y und v am Anfang der Rechnung die dem vorhergehenden Beharrungszustande entsprechenden Werte einzusetzen. In der folgenden Tabelle ist der Anfang der Rechnung für ein Wasserschlofs von 100 qm Oberfläche und für einen Stollen wie beim früheren ersten Beispiel (Seite 25) zusammengestellt ($F = 100$ qm, $L = 301$ m, $H_g = 10$ m, $k = 0{,}0712 \ \frac{\text{sec}^2}{\text{m}}$, $f = 12{,}57$ qm); es wurde dabei eine plötzliche Belastungsänderung von 1868 PS auf 3736 PS angenommen; bei einem Wirkungsgrade von 80 % für Rohrleitung und Turbine zusammen ergibt sich daraus ein plötz- licher Sprung der Konstanten A von 175 auf 350 mt/sec. Für die Zahlenrechnung ist es bequemer, nicht die Wassergeschwindigkeit im Stollen, sondern sofort die Wassermenge zu bestimmen ($Q_s = f v$); man erspart dann jedesmal die Multiplikation mit dem Stollenquer- schnitt und gewinnt aufserdem durch den Vergleich mit der von den Turbinen verbrauchten Wassermenge eine gröfsere Übersicht über den Vorgang. Zur einfachen Berechnung des Druckverlustes im Stollen bestimmt man eine neue Konstante $k_1 = \dfrac{k}{f^2}$, so daſs der Reibungsverlust nunmehr als $k_1 \, Q_s^2$ berechnet werden kann. Man erhält dadurch an Stelle der Gleichungen 6a) und 4a) die folgenden:

$$\varDelta y = \frac{1}{F} \left(\frac{A}{H_g - y} - Q_s \right) \varDelta t \quad . \quad . \quad . \quad . \quad 6b)$$

$$\varDelta Q_s = \frac{fg}{L} \, (y - k_1 \, Q_s^2) \, \varDelta t \quad . \quad . \quad . \quad . \quad . \quad 4b)$$

Tabelle 1.

t	y	Q_s	Q_r	$k_1 \, Q_s^2$	F	A	$\varDelta y$	$\varDelta Q_s$
Beharrungszustand vor Eintritt der Störung	0,142	17,75	17,75	0,142	100	175	0	0
0	0,142	17,75	35,5	0,142	100	350	0,1775	0
1	0,3195	17,75	36,16	0,142	100	350	0,1841	0,0728
2	0,5036	17,8228	36,86	0,1435	100	350	0,1904	0,1475

Man erkennt leicht, weswegen das Ergebnis dieser Rechnung ungenau sein muſs; der Wert von $\dfrac{dy}{dt}$ für $t = 0$ ist genau berechnet; aus diesem Werte von $\dfrac{dy}{dt}$ ist dann $\varDelta y$ ermittelt worden; bei $t = 1$ ist aber $\dfrac{dy}{dt}$ bereits beträchtlich gröſser als bei $t = 0$, und das mittlere $\dfrac{dy}{dt}$ im Intervalle $t = 0$ bis $t = 1$, welches eigentlich zur Bestimmung von $\varDelta y$ dienen sollte, ist deswegen auch gröſser als der zur Rechnung benutzte Wert für $t = 0$. Eine ähnliche Ungenauigkeit begeht man bei der Berechnung von $\varDelta Q_s$. Das Verfahren ist wegen seiner Ungenauigkeit auch bei Anwendung kleiner Intervalle nur dann gut zu gebrauchen, wenn man bloſs den ersten Ausschlag von y berechnen will; wenn man dagegen untersuchen will, ob die Schwingungsbewegung angefacht oder gedämpft verläuft, ist eine weit gröſsere Genauigkeit erforderlich, weil hier die meist nicht sehr grofse Differenz zwischen zwei aufeinanderfolgenden Ausschlägen noch mit genügender Sicherheit ermittelt werden muſs. Dafür hat sich das im folgenden beschriebene Verfahren als zweckmäſsig erwiesen.

Man hat bei diesem Verfahren zu unterscheiden zwischen der Berechnung der Werte von y und Q_s für die ersten Intervalle und der Fortsetzung der Rechnung für den weiteren Verlauf.

Zur Berechnung der Werte von y und Q_s für die erste Intervalle entwickelt man y und Q_s nach einer Taylorschen Reihe, setzt also

$$y_t = y_0 + t\left(\frac{dy}{dt}\right)_0 + \frac{t^2}{2}\left(\frac{d^2y}{dt^2}\right)_0 + \frac{t^3}{2\cdot 3}\left(\frac{d^3y}{dt^3}\right) + \ldots \quad 40)$$

$$Q_{s_t} = Q_{s_0} + t\left(\frac{dQ_s}{dt}\right)_0 + \frac{t^2}{2}\left(\frac{d^2Q_s}{dt^2}\right)_0 + \frac{t^3}{2\cdot 3}\left(\frac{d^3Q_s}{dt^3}\right) + \ldots \quad 41)$$

Die Zahlenwerte der hier vorkommenden Differentialquotienten für $t = 0$ erhält man durch wiederholte Differentiation der Hauptgleichungen 4) und 6) nach t; vorher hat man v durch $\frac{Q_s}{f}$ und kv^2 durch $k_1 Q_s^2$ zu ersetzen:

$$\frac{L}{gf}\frac{dQ_s}{dt} = y - kQ_s^2 \quad \ldots \quad \ldots \quad 42)$$

$$F\frac{dy}{dt} = \frac{A}{H_g - y} = Q_s \quad \ldots \quad \ldots \quad 43)$$

Aus Gleichung 42) ergibt sich

$$\frac{L}{gf}\frac{d^2Q_s}{dt^2} = \frac{dy}{dt} - 2k_1 Q_s\frac{dQ_s}{dt}$$

$$\frac{L}{gf}\frac{d^3Q_s}{dt^3} = \frac{d^2y}{dt^2} - 2k_1\left(\frac{dQ_s}{dt}\right)^2 - 2k_1 Q_s\frac{d^2Q_s}{dt^2}$$

Gleichung 43) liefert

$$F\frac{d^2y}{dt^2} = \frac{A\frac{dy}{dt}}{(H_g - y)^2} - \frac{dQ_s}{dt}$$

$$F\frac{d^3y}{dt^3} = A\frac{(H_g - y)^2\frac{d^2y}{dt^2} + 2\left(\frac{dy}{dt}\right)^2(H_g - y)}{(H_g - y)^4} - \frac{d^2Q_s}{dt^2}.$$

Aus diesen Gleichungen kann man der Reihe nach die Zahlen-werte von $\frac{dQ_s}{dt}$, $\frac{dy}{dt}$, $\frac{d^2Q_s}{dt^2}$, $\frac{d^2y}{dt^2}$, $\frac{d^3Q_s}{dt^3}$ und $\frac{d^3y}{dt^3}$ für $t = 0$ ermitteln. Für den Fall, daß die Störung auf einen Beharrungszustand folgt, ver-einfachen sich die Formeln noch beträchtlich; $H_g - y$ wird dann gleich dem Nutzgefälle für den früheren Beharrungszustand; es möge mit H_{n_0} bezeichnet werden; man erhält dann (für $t = 0$):

$$\left.\begin{array}{l} \dfrac{dQ_s}{dt} = 0,\ \dfrac{d^2 Q_s}{dt^2} = \dfrac{gf\,\dfrac{dy}{dt}}{L},\ \dfrac{d^3 Q_s}{dt^3} = \dfrac{gf}{L}\left[\dfrac{d^2 y}{dt^2} - 2\,k_1\,Q_s\,\dfrac{d^2 Q_s}{dt^2}\right] \\[2em] \dfrac{dy}{dt} = \dfrac{1}{F}\left[\dfrac{A}{H_{n_0}} - Q_s\right],\ \dfrac{d^2 y}{dt^2} = \dfrac{A}{F\,H_{n_0}^{\,2}}\,\dfrac{dy}{dt}, \\[2em] \dfrac{d^3 y}{dt^3} = \dfrac{1}{F}\left\{\dfrac{A\left[H_{n_0}\dfrac{d^2 y}{dt^2} + 2\left(\dfrac{dy}{dt}\right)^2\right]}{H_{n_0}^{\,3}} - \dfrac{d^2 Q_s}{dt^2}\right\} \end{array}\right\} \quad 44)$$

Die aus diesen Gleichungen berechneten Zahlenwerte der Differentialquotienten setzt man in die Gleichungen 40) und 41) ein und ermittelt mit ihnen die Werte von y und Q_s für $t = \tau$ und $t = 2\tau$; τ bedeutet dabei das Intervall, nach dem die Rechnung fortschreitet. Es wäre natürlich möglich, noch mehr Glieder der Taylorschen Reihe zu berücksichtigen; die Berechnung der vierten und höheren Differentialquotienten ist jedoch ziemlich umständlich, so daß eine etwa verlangte Erhöhung der Genauigkeit zweckmäßiger durch Verkleinerung der Intervalle für den Beginn der Rechnung erreicht wird.

Nachdem die Werte von y und Q_s für $t = \tau$ und $t = 2\tau$ (im folgenden als y_1, y_2 bzw. Q_{s1} und Q_{s2} bezeichnet) gefunden sind, kann man $\dfrac{dy}{dt}$ und $\dfrac{dQ_s}{dt}$ für diese Zeitpunkte aus den Grundgleichungen 42) und 43) berechnen. Um y_3 und Q_{s3} zu finden, wendet man ein Extrapolationsverfahren an. Man bildet zu diesem Zwecke die Differenzen

$$\left(\frac{dy}{dt}\right)_1 - \left(\frac{dy}{dt}\right)_0 = \varDelta^1 \quad \left(\frac{dy}{dt}\right)_1 = \varDelta_1^1$$

$$\left(\frac{dy}{dt}\right)_2 - \left(\frac{dy}{dt}\right)_1 = \varDelta_2^1$$

und $\qquad\qquad \varDelta_2^1 - \varDelta_1^1 = \varDelta^2.$

Man setzt nun[1])

$$y_3 = y_2 + \tau\left\{\left(\frac{dy}{dt}\right)_2 + \frac{\varDelta_2^1}{2} + \frac{5}{12}\,\varDelta^2\right\} \quad \cdot \ \cdot \ \cdot \quad 45)$$

Ganz ebenso ermittelt man Q_{s3}.

y_3 und Q_{s3} setzt man nun in die Grundgleichungen 42) und 43) ein und erhält dadurch $\left(\dfrac{dy}{dt}\right)_3$ und $\left(\dfrac{d\,Q_s}{dt}\right)_3$. y_4 und Q_{s4} findet man dann

---

[1]) Diese Formel kann auf geometrischem Wege abgeleitet werden; ihre Rechtfertigung ergibt sich in folgendem Abschnitte.

ganz ähnlich wie vorhin y_3 und Q_{s3}. Allgemein findet man den Wert y_{n+1} von y für $t = (n + 1)\,\tau$ nach der Vorschrift

$$y_{n+1} = y_n + \tau \left\{ \left(\frac{dy}{dt}\right)_n + \frac{\varDelta_n^1}{2} + \frac{5}{12}\,\varDelta_n^2 \right\} \quad . \quad . \quad 46)$$

Dasselbe gilt für $Q_{s(n+1)}$.

Für die Rechnung bietet dieses Verfahren gegenüber anderen zur näherungsweisen Integration von Differentialgleichungen gebräuchlichen Methoden praktisch den grofsen Vorteil, dafs sich Rechenfehler sofort in einer Unstetigkeit der Differenzen $\varDelta$ ausdrücken und deswegen leicht bemerkt werden.

Oft ist es erwünscht, am Anfange der Rechnung zur Vergröfserung der Genauigkeit der Taylorschen Reihenentwicklung kleinere Intervalle anzunehmen als für die weitere Rechnung zweckmäfsig wäre. Für den Übergang von kleineren Intervallen zu gröfseren braucht man eine besondere Extrapolationsformel; wenn man y_n noch durch Rechnung mit Intervallen τ gefunden hat, und weiterhin ein s mal so grofses Intervall benutzen will, so kann man y_{n+1} finden als

$$y_{n+1} = y_n + s\tau \left[\left(\frac{dy}{dt}\right)_n + s \left(\frac{\varDelta_n^1}{2} + \frac{\varDelta_n^2}{4} \right) + s^2\,\frac{\varDelta_n^2}{6} \right] \quad 47)$$

In dieser Formel ist $s\tau$ das neue Intervall, und wenn man für die weitere Rechnung die Differenzen $\varDelta$ bequem aus den bereits ermittelten Werten will bilden können, mufs s als ganze Zahl angenommen werden.

Die Berechtigung der angegebenen Extrapolationsformeln folgt daraus, dafs der bei ihrer Anwendung begangene Fehler, wie im nächsten Abschnitte gezeigt werden wird, von vierter Ordnung unendlich klein wird, wenn das Intervall τ von erster Ordnung klein ist im Vergleich zur Dauer einer Periode.

---

10. Genauigkeit des Verfahrens und zu erwartende Fehler.

Obwohl diese Berechnungsart verhältnismäfsig genau ist, empfiehlt es sich doch, sich über die Gröfse der zu erwartenden Fehler Rechenschaft zu geben. Der Fehler rührt von zwei Ursachen her: einmal von dem Fehler der Werte von y und Q_s für $t = \tau$ und $t = 2\,\tau$, der durch das Abbrechen der Taylorschen Reihenentwicklung nach dem dritten Gliede entsteht, und ferner von dem Fehler, den man bei jedem Schritte durch die Extrapolation nach Gleichung 46) begeht;

die zweite Fehlerquelle ist weitaus am wichtigsten, da sie im Laufe der Rechnung bei jedem Schritte wirksam wird, während der Fehler durch das Abbrechen der Taylorschen Reihe nur einmal begangen wird. Daher soll der durch die Extrapolation nach Gleichung 46) begangene Fehler genauer untersucht werden.

Die zu berechnende Funktion, z. B. y, kann man sich an der Stelle $t = n\tau$ in eine Potenzreihe entwickelt denken; z. B. in die folgende:

$$y_t = a + b\,(t - n\,\tau) + c\,(t - n\,\tau)^2 + d\,(t - n\,\tau)^3 + e\,(t - n\,\tau)^4 + \\ + f\,(t - n\,\tau)^5 + g\,(t - n\,\tau)^6 + \ldots \quad \ldots \quad 48)$$

Der genaue Wert von y für $t = (n + 1)\,\tau$ ist dann:

$$y_{n+1} = a + b\,\tau + c\,\tau^2 + d\,\tau^3 + e\,\tau^4 + f\,\tau^5 + g\,\tau^6 + \ldots \quad 49)$$

welcher verglichen werden soll mit dem nach Gleichung 48) durch Extrapolation zu findenden Werte. Dazu müssen zuerst die in der Gleichung 46) vorkommenden Größen $\varDelta^1_n$ und $\varDelta^2_n$ ermittelt werden. Man findet durch Differenzieren der Gleichung 48):

$$\frac{dy}{dt} = b + 2\,c\,(t - n\,\tau) + 3\,d\,(t - n\,\tau)^2 + 4\,e\,(t - n\,\tau)^3 + \\ + 5\,f\,(t - n\,\tau)^4 + 6\,g\,(t - n\,\tau)^5 + \ldots \quad \ldots \quad 50)$$

Aus dieser Gleichung erhält man:

$$\left(\frac{dy}{dt}\right)_n = b$$

$$\left(\frac{dy}{dt}\right)_{n-1} = b - 2\,c\,\tau + 3\,d\,\tau^2 - 4\,e\,\tau^3 + 5\,f\,\tau^4 \\ - 6\,g\,\tau^5 + - \ldots$$

$$\left(\frac{dy}{dt}\right)_{n-2} = b - 4\,c\,\tau + 12\,d\,\tau^2 - 32\,e\,\tau^3 + 80\,f\,\tau^4 \\ - 192\,g\,\tau^5 + - \ldots$$

$$\varDelta^1_n = \left(\frac{dy}{dt}\right)_n - \left(\frac{dy}{dt}\right)_{n-1} = 2\,c\,\tau - 3\,d\,\tau^2 + 4\,e\,\tau^3 - 5\,f\,\tau^4 \\ + 6\,g\,\tau^5 - + \ldots$$

$$\varDelta^1_{n-1} = \left(\frac{dy}{dt}\right)_{n-1} - \left(\frac{dy}{dt}\right)_{n-2} = 2\,c\,\tau - 9\,d\,\tau^2 + 28\,e\,\tau^3 - 75\,f\,\tau^4 \\ + 186\,g\,\tau^5 - + \ldots$$

$$\varDelta^2_n = \varDelta^1_n - \varDelta^1_{n-1} = 6\,d\,\tau^2 - 24\,e\,\tau^3 + 70\,f\,\tau^4 \\ - 180\,g\,\tau^5 + - \ldots$$

Indem man die Werte $\varDelta^1_n$ und $\varDelta^2_n$ in die Extrapolationsformel einsetzt, erhält man:

$$y_{n+1} = a + \tau\left\{b + \frac{1}{2}\left[2\,c\,\tau - 3\,d\,\tau^2 + 4\,e\,\tau^3 - 5\,f\,\tau^4 + 6\,g\,\tau^5 - + \ldots\right]\right\} \\ + \frac{5}{12}\left[6\,d\,\tau^2 - 24\,e\,\tau^3 + 70\,f\,\tau^4 - 180\,g\,\tau^5 + - \ldots\right]$$

3*

Man erhält hieraus:

$$y_{n+1} = a + b\,\tau + c\,\tau^2 + d\,\tau^3 - 8\,e\,\tau^4 + 26,7\,f\,\tau^5 - 72\,g\,\tau^6 + \ldots$$

und durch Vergleich mit dem wahren Wert (Gleichung 49) den Fehler

$$(= \text{Falsch-Richtig}) = -9\,e\,\tau^4 + 25,7\,f\,\tau^5 - 73\,g\,\tau^6 + \ldots \quad . \quad 51)$$

Der bei jedem Schritte begangene Fehler ist also klein von vierter Ordnung, wenn die Schritte τ von erster Ordnung klein sind gegen die Dauer einer Periode.

Die Extrapolationsformel 46) läßt sich natürlich noch verfeinern, wenn man noch höhere Differenzen berücksichtigt. Die Formel für die Berücksichtigung der nächst höheren Differenz soll hier noch angegeben werden, sie lautet:

$$y_{n+1} = y_n + \tau \left\{ \left(\frac{dy}{dt}\right)_n + \frac{\Delta^1_n}{2} + \frac{5}{12}\,\Delta^2_n + \frac{3}{8}\,\Delta^3_n \right\} \quad . \quad 52)$$

worin $\Delta^3_n = \Delta^2_n - \Delta^2_{n-1}$ gesetzt ist.

Auf demselben Wege wie vorhin findet man den Fehler dieser Formel zu:

$$\text{Fehler} = -41,8\,f\,\tau^5 + 265,5\,g\,\tau^6 - \ldots \quad . \quad 53)$$

Der Fehler ist also, wie zu erwarten war, gegenüber der früheren Formel um eine Größenordnung verkleinert.

Der Fehler der Extrapolation nach Gleichung 47) findet sich auf demselben Wege als:

$$\text{Fehler} = \tau^4 e\,(-4\,s^2 - 4\,s^3 - s^4) + \tau^5 f\,(15\,s^2 + 11,7\,s^3 - s^5) +$$
$$+ \tau^6 g\,(-42\,s^2 - 30\,s^3 - s^6) + \ldots \quad . \quad 54)$$

Wenn man noch die dritten Differenzen berücksichtigen will, hat man Gleichung 47) zu ersetzen durch

$$y_{n+1} = y_n + s\,\tau \left\{ \left(\frac{dy}{dt}\right)_n + s\left(\frac{\Delta^1_n}{2} + \frac{\Delta^2_n}{4} + \frac{\Delta^3_n}{6}\right) \right.$$
$$\left. + s^2\left(\frac{\Delta^2_n}{6} + \frac{\Delta^3_n}{6}\right) + s^3\,\frac{\Delta^3_n}{24} \right\} \quad . \quad . \quad . \quad 55)$$

Man begeht dann einen

$$\text{Fehler} = \tau^5 f\,(-15\,s^2 - 18,33\,s^3 - 7,55\,s^4 - s^5)$$
$$+ \tau^6 g\,(108\,s^2 + 120\,s^3 + 37,5\,s^4 - s^6 + \ldots \quad . \quad 56,$$

Die Fehler sind, wie früher, klein von vierter, bzw. fünfter Ordnung. Für $s = 1$ werden die Gleichungen 47, 54—56 natürlich identisch mit den früheren Gleichungen 46, 51—53.

Die Form der zu berechnenden Funktionen zeigt im allgemeinen eine Annäherung an eine Sinuslinie (siehe z. B. Fig. 2).

Wenn man sich daher über die ungefähr zu erwartende Größe der in den Fehlergleichungen 51 und 53 auftretenden Koeffizienten eine Vorstellung bilden will, tut man gut, die Extrapolationsformeln auf eine Sinuslinie anzuwenden, und zwar soll dies im folgenden für die einfache Extrapolationsformel Gleichung 46) geschehen für den Zeitpunkt, in dem die zu berechnende Funktion y ein Maximum ist. Es sei also

$$y = A \cos \beta\, t = A \left(1 - \frac{\beta^2\, t^2}{2!} + \frac{\beta^4\, t^4}{4!} - \frac{\beta^6\, t^6}{6!} + - \cdots\right)$$

Durch Vergleich mit Gleichung 48) ergibt sich für $t = 0$

$$e = \frac{A\,\beta^4}{4!} \quad f = 0 \quad g = \frac{A\,\beta^6}{6!}.$$

Man hat sich nun zu entscheiden mit wie großen Intervallen man sich die Rechnung durchgeführt gedacht haben will; wenn man z. B. τ so groß wählt, daß auf die ganze Periode 80 Stufen kommen, so muß sein $\beta \cdot 80\,\tau = 2\,\pi$ oder $\tau = \dfrac{\pi}{40\,\beta}$.

Als Fehler einer Extrapolation ergibt sich dann (entsprechend Gleichung 51)

$$\text{Fehler} = A \left(-9 \frac{\beta^4}{4!} \frac{\pi^4}{40^4\,\beta^4} + 0 - 73 \frac{\beta^6}{6!} \frac{\pi^6}{40^6\,\beta^6} + \cdots\right)$$

Durch Ausrechnung findet man:

$$\text{Fehler} = A \left(-\frac{1}{70\,000} + 0 - \frac{1}{42\,000\,000} + \cdots\right)$$

Man sieht sofort, daß nur das erste Glied in der Klammer in Betracht kommt und erhält als Absolutbetrag des Fehlers einer Extrapolation:

$$\text{Fehler} = \frac{A}{70\,000}.$$

Um die Berechnung für eine Periode durchzuführen, hat man 80 mal zu extrapolieren, und wenn man die wohl zulässige Annahme macht, daß die Fehler sich ebenso addieren wie voneinander streng unabhängige Fehler, erhält man als Gesamtfehler für die Berechnung einer ganzen Periode:

$$\text{Gesamtfehler für eine Periode} = \frac{A \sqrt{80}}{70\,000} = \frac{A}{7830}.$$

Wenn man die Rechnung mit dem Rechenschieber ausführt, ist es aber zwecklos, die Intervalle so klein zu wählen, daß der Fehler der Extrapolationsformel nur $\dfrac{1}{70\,000}$ der Amplitude beträgt, weil die durch die Ungenauigkeit des Rechenschiebers hinzukommenden Fehler weit gröfser sind. Nimmt man deswegen die Intervalle gröfser, etwa derart, dafs eine Periode in 40 bzw. 35 bzw. 30 Stufen zerfällt, so berechnet sich der Fehler einer Extrapolation als $\frac{1}{4360}$ bzw. $\frac{1}{2540}$ bzw. $\frac{1}{1370}$ der Amplitude, und der Gesamtfehler für eine Periode zu $\frac{1}{690}$ bzw. $\frac{1}{430}$ bzw. $\frac{1}{250}$ der Amplitude. Auf die Berechnung der Vorgänge im Wasserschlofs dürfen diese Resultate allerdings nicht ohne weiteres übertragen werden, weil bei jeder Bestimmung von y bzw. Q_s die Werte der beiden Veränderlichen kombiniert werden; jedoch kann man aus dem Obigen immerhin entnehmen, dafs man reichlich sicher geht, wenn man die ganze Periode in 30—60 Stufen teilt. Vor dem Beginn der Rechnung kann man die ungefähre Dauer einer Periode aus den Gleichungen 22) und 24) entnehmen, und zwar braucht dafür in der Regel die Reibung im Stollen nicht berücksichtigt zu werden; man erhält dann aus diesen Gleichungen für die Dauer einer Periode den Wert

$$2 \pi \sqrt{\frac{F\,L}{f\,g}}\,.$$

Es kann noch bemerkt werden, dafs die Annahme, dafs die einzelnen Fehler sich ebenso addieren wie voneinander streng unabhängige Fehler, wahrscheinlich noch ungünstig ist, wenn man aus ihr den Gesamtfehler für eine Periode ermitteln will; wahrscheinlich wird der Gesamtfehler wesentlich kleiner, weil für die vorliegenden Schwingungsbewegungen die Einzelfehler ziemlich ebenso oft positives wie negatives Vorzeichen haben werden.

---

11. Besprechung ausgerechneter Beispiele.

Nach diesem Berechnungsverfahren wurden verschiedene Fälle durchgerechnet; das Gefälle und die Abmessungen des Stollens wurden ebenso angenommen wie im früheren ersten Beispiel (Seite 25), nämlich $H_g = 10$ m, $L = 301$ m; $f = 12{,}57$ qm (4 m Durchmesser), $k = 0{,}0712\ \frac{\mathrm{sec}^2}{\mathrm{m}}$ (entsprechend $\lambda =$ ca. 0,016). Es wurde ferner zuerst eine plötzliche Belastungsvergröfserung der Turbinen von einem Beharrungszustande mit 1750 PS Leistung aus auf 2500 PS zugrunde gelegt; bei 75% Wirkungsgrad für Turbine und Rohrleitung zusammen ergibt dies eine plötzliche Veränderung der Konstanten A von 175 auf 250 mt/sec. Für $A = 250$ waren bereits früher die drei charakteristischen Wasserschlofsquerschnitte angegeben, nämlich

$$F_1 = 4{,}20 \text{ qm} \qquad F_2 = 279 \text{ qm} \qquad F_3 = 17560 \text{ qm.}$$

Fall 1. Zuerst wurde der Bewegungsvorgang für einen Wasserschlofsquerschnitt von 300 qm berechnet; da dieser etwas gröfser ist als der kritische Wert F_2, war hier eine schwach gedämpfte Schwingung zu erwarten.

Der Beginn der Berechnung möge hier zur Erläuterung des Verfahrens wiedergegeben werden. Für den Beharrungszustand vor Beginn der Störung findet man $y = 0{,}142$ m und $Q_s = 17{,}75 \dfrac{\text{m}^3}{\text{sec}}$. Die Taylorsche Reihenentwicklungen (Gleichung 40, 41, 44) liefern:

$$y = 0{,}142 + 0{,}02530\, t + 0{,}0002170\, \frac{t^2}{2} - 0{,}0000316\, \frac{t^3}{6}$$

$$Q_s = 17{,}75 + 0{,}01037\, \frac{t^2}{2} + 0{,}00002092\, \frac{t^3}{6}.$$

Da man aus der angenäherten Formel für die Schwingungsdauer $T = 170$ sec erhält, genügt es, die Berechnung mit Intervallen von 6 sec vorzunehmen. Indem man in die beiden obigen Gleichungen $t = 6$ und $t = 12$ einsetzt, erhält man die aus der untenstehenden Tabelle ersichtlichen Werte von y und Q_s für $t = 6$ und $t = 12$. Man kann nun $\dfrac{dy}{dt}$ und $\dfrac{dQ_s}{dt}$ für $t = 0$, $t = 6$ und $t = 12$ bilden und erhält bei $t = 12$ die ebenfalls aus der Tabelle zu entnehmenden Werte von $\varDelta^1$ und $\varDelta^2$ für y und Q_s. Die weitere Rechnung erfolgt durch Extrapolation nach den Formeln:

$$y_{n+1} = y_n + 6\left\{\left(\frac{dy}{dt}\right)_n + \frac{\varDelta^1}{2} + \frac{5}{12}\varDelta^2\right\}$$

$$Q_{s\,n+1} = Q_{s\,n} + 6\left\{\left(\frac{dQ_s}{dt}\right)_n + \frac{\varDelta^1}{2} + \frac{5}{12}\varDelta^2\right\}$$

Tabelle (Fall 1)

t	$6\,\Delta^2$	$6\,\Delta^1$	$6\frac{dy}{dt}$	y	Q_r	Q_s	$6\frac{dQ_s}{dt}$	$6\Delta^1$	$6\Delta^2$	$k_1 Q_s^2$	Δ
0	0	0	0	0,142	17,75	17,75	0	0	0	0,142	175
0			0,1520	0,142	23,35	17,75	0			0,142	250
6		$+56$	0,1576	0,2965	25,77	17,938	0,3722	3722		0,145	250
12	-92	-36	0,1540	0,4521	26,20	18,502	0,7335	3613	-109	0,154	250
18	-66	-102	0,1438	0,6005	26,60	19,4117	1,0595	3260	-353	0,170	250
24	-60	-162	0,1276	0,7365	27,00	20,6195	1,3395	2800	-460	0,192	250
30	-56	-218	0,1058	0,8535	27,37	22,0798	1,5595	2200	-600	0,220	250

In der Tabelle ist der Kürze halber nur der Beginn der Berechnung angegeben, das Ergebnis ist jedoch in der Fig. 2 graphisch

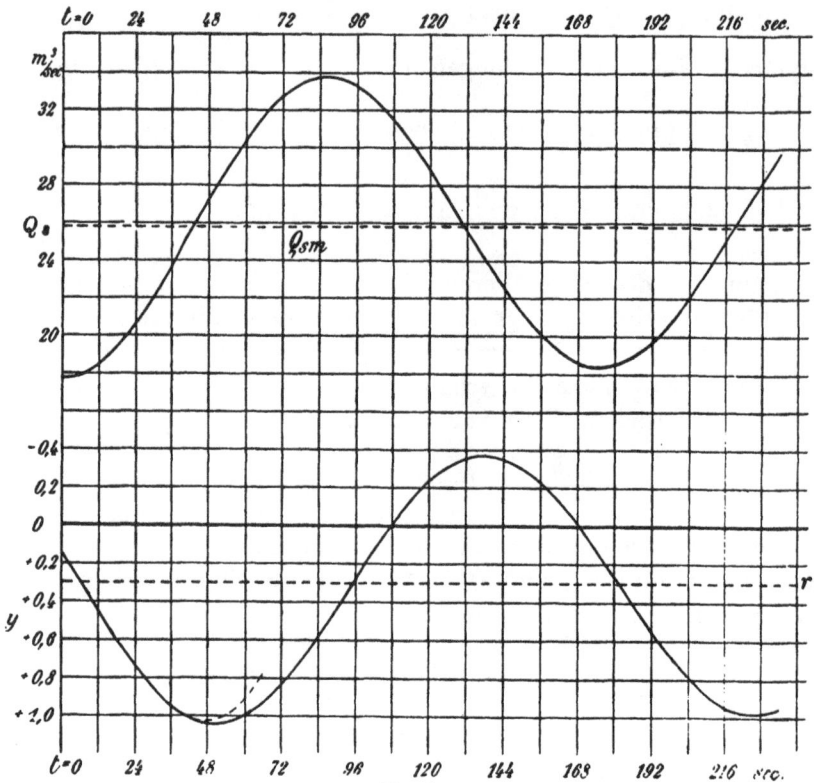

Fig. 2.

aufgetragen; man sieht, dafs die Schwingungen tatsächlich schwach gedämpft verlaufen: das erste Maximum von y bei $t = 50,4$ sec beträgt 1,039 m, das zweite Maximum bei $t = 226$ sec 0,982 m. Die Schwingungsdauer beträgt somit 175,6 sec und das Verhältnis zweier aufeinanderfolgender Ausschläge von y (gerechnet vom Wasserspiegel für den Beharrungszustand) 0,923. Für eine unendlich kleine Schwingung würde man für die vorliegenden Verhältnisse aus der Gleichung 12) eine Schwingungsdauer von 175,8 sec und für das genannte Verhältnis 0,945 erhalten; mit Rücksicht darauf, dafs die Schwingung überhaupt nur sehr schwach gedämpft ist, stimmen auch die Werte für das Verhältnis zweier aufeinanderfolgender Ausschläge befriedigend miteinander überein.

Um anzudeuten, wie weit die Genauigkeit der nach dem vierten Gliede abgebrochenen Taylorschen Reihe reicht, wurden die Werte von y aus ihr bis $t = 66$ sec berechnet und gestrichelt in die Figur eingetragen.

Fall 2 unterscheidet sich vom vorigen nur dadurch, dafs der Wasserschlofsquerschnitt zu 100 qm angenommen wurde, was beträchtlich weniger ist als der kritische Wert (279 qm). Es ist daher

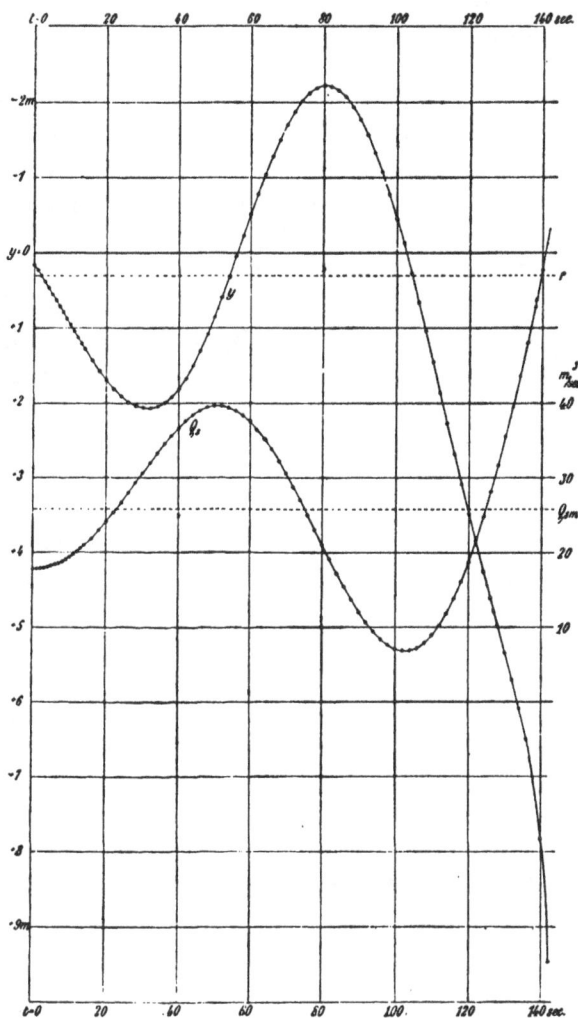

Fig. 8.

eine angefachte Schwingung zu erwarten, was auch bestätigt wird
durch die Ausrechnung, deren Ergebnisse in der Fig. 3 dargestellt
sind. Besonders auffallend ist dabei, daſs während der zweiten
Periode y über alle Grenzen hinaus wächst, oder vielmehr wachsen
würde, wenn die Turbine stets so weit geöffnet werden könnte, daſs
ihre Leistung unverändert bleibt. In Wirklichkeit wird etwa bei
$y = 4$ m (zur Zeit $t = 133$ sec) die Turbine bereits voll geöffnet sein,
so daſs in der folgenden Zeit die verlangte Turbinenleistung eben
nicht aufgebracht werden kann; obwohl daher in diesem Bereiche die
Rechnungsergebnisse keine technische Bedeutung mehr haben, wurde
die Berechnung doch bis
$y = 9,5$ m fortgeführt, weil
man dadurch einen mathe-
matisch interessanten Einblick in die Art der durch
die Hauptgleichungen definierten Funktionen y und Q_s
erhält.

Für den beim Fall 2 an-
genommenen Wasserschloſs-
querschnitt erhält man aus
den früheren Formeln für unendlich kleine Schwingungen
die Schwingungsdauer 102,2
sec und das Verhältnis zweier
aufeinanderfolgender Aus-
schläge von y zu 2,35. An
der errechneten Kurve kann
man dies aber nicht wie früher

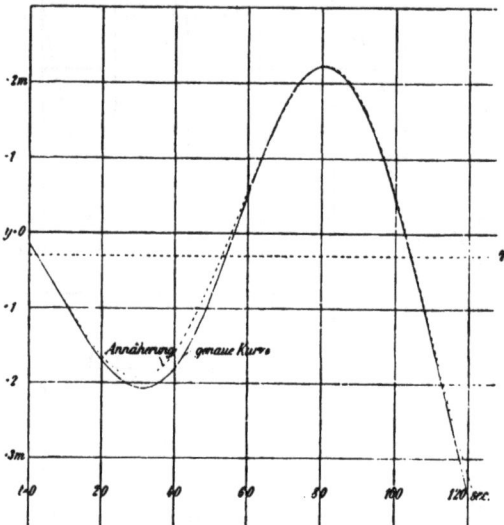

Fig. 4.

unmittelbar nachprüfen, da y bereits beim zweiten positiven Ausschlage
über jedes Maſs hinaus wächst. Der Differentialquotient $\dfrac{dy}{dt}$ für die
Durchgänge von y durch die Gleichgewichtslage wächst aber für
unendlich kleine Schwingungen in derselben Weise wie die Ausschläge
von y, und wenn man die Werte von $\dfrac{dy}{dt}$ bestimmt für den ersten
und zweiten gleichsinnigen Durchgang von y durch den dem Beharrungszustande entsprechenden Wert ($y = 0,299$), so müſsten sie,
wenn sich die Schwingung bis zum zweiten Durchgange im Mittel
über die Periode ähnlich verhält, wie eine unendlich kleine Schwin-

gung, ebenfalls im Verhältnis $1:2{,}39$ stehen. Man findet für den ersten Durchgang zur Zeit 2,02 sec $\dfrac{dy}{dt} = 0{,}0797$, und für den zweiten Durchgang zur Zeit 104,20 sec $\dfrac{dy}{dt} = 0{,}1890$; die beiden Werte verhalten sich wie $1:2{,}37$; die verflossene Zeit ist dabei gleich 102,18 sec. Es besteht also eine unerwartet grofse Übereinstimmung mit den bei unendlich kleinen Aussschlägen eintretenden Erscheinungen.

Um eine noch bessere Anschauung darüber zu erhalten, in welcher Art sich die Schwingung von endlicher Amplitude von der unendlich kleinen Schwingung unterscheidet, wurde in Figur 4 der für Fall 2 errechnete Verlauf der y in Vergleich gestellt mit den Angaben der auf die endliche Schwingung angewandten Gleichung 12; und zwar wurden die Integrationskonstanten derart bestimmt, dafs beim ersten Durchgang von y (bei $t = 2{,}02$ sec) durch den dem Beharrungszustande entsprechenden Wert beide Kurven sich berühren. Obwohl nach Ablauf einer Periode die beiden Kurven fast zusammenfallen, bemerkt man doch, dafs während der ersten Hälfte der Periode die tatsächlichen Spiegelabsenkungen gröfser ausfallen als die nach der Gleichung 12) errechneten, eine Abweichung, welche sich aber während der zweiten Hälfte der ersten Periode fast ganz wieder ausgleicht. Ebenso ist es beim Beginn der zweiten Periode.

Für Fall 3 (Fig. 5) wurde eine plötzliche Belastungszunahme von 1750 PS auf 3500 PS angenommen; die übrigen Verhältnisse sind dieselben wie bei Fall 2. Man sieht, dafs für diese Belastungszunahme y bereits beim ersten Ausschlag über alle Grenzen wächst, d. h. dafs der Turbinenregler bereits beim ersten Ausschlage den Leit-apparat bis zum Anschlage öffnet.

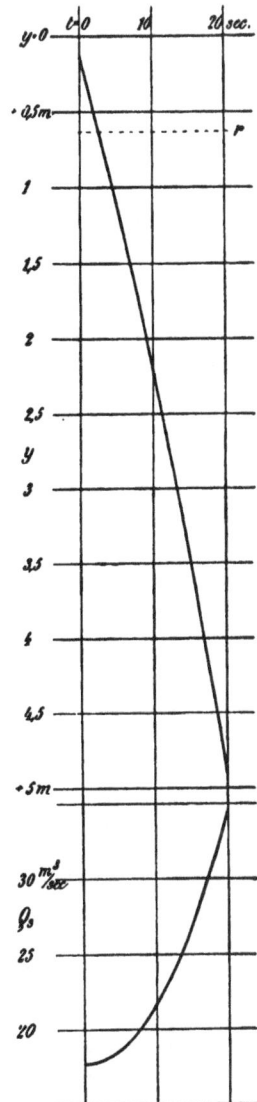

Fig. 5.

Bei F a l l 4 (Fig. 6) wurde der sehr grofse Wasserschlofsquerschnitt von 10000 qm angenommen, während die übrigen Abmessungen beibehalten wurden. Da dieser Wasserschlofsquerschnitt sich
schon sehr dem Werte F_3 (17560 qm) nähert, sind die Schwingungen

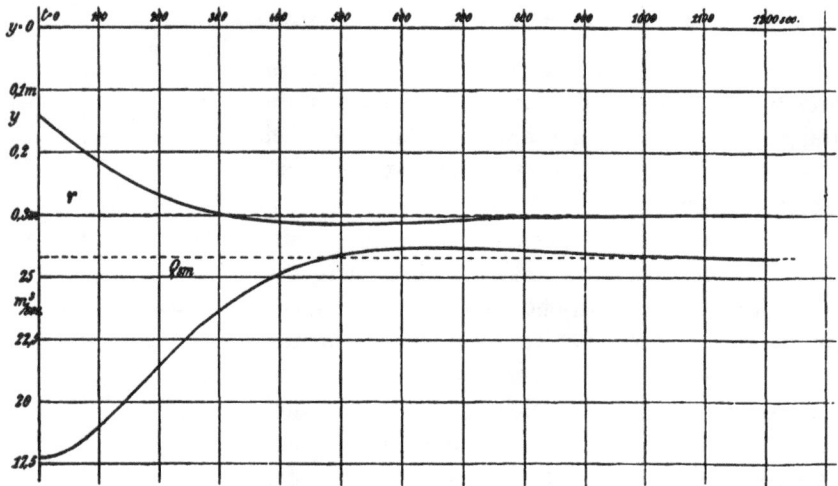

Fig. 6.

stark gedämpft, wie die für eine Belastungszunahme von 1750 [auf
2500 PS durchgeführte Berechnung zeigt.

---

12. Verbesserung der Ergebnisse wegen der zeit-
lichen Verzögerung der Reglerwirkung.

Sowohl bei der Aufstellung der Hauptgleichungen als auch bei
der im fünften Abschnitt gegebenen anderen Herleitung der Stabilitätsbedingung war die als »Nacheilen« bezeichnete zeitliche Verzögerung der Reglerwirkung nicht berücksichtigt worden. Es soll
nun untersucht werden, welche Verbesserung bei Beachtung des
Nacheilens an der früher gefundenen Stabilitätsbedingung (Gl. 17)
anzubringen ist.

Später wird gezeigt werden, dafs die zeitliche Verzögerung,
von ganz besonderen Ausnahmefällen abgesehen, klein ist im Ver-

hältnis zur Dauer einer ganzen Schwingungsperiode. Das Nacheilen der Regler kann dann genügend genau dadurch berücksichtigt werden, daſs man den Wasserverbrauch der Turbinen nicht umgekehrt proportional dem augenblicklichen Gefälle, sondern umgekehrt proportional dem vor einer konstanten Zeit ϑ, welche durch die Konstruktion und Einstellung des Reglers bestimmt wird, vorhanden gewesenen Gefälle setzt. Im übrigen soll die Ableitung nach der bereits im fünften Abschnitte erläuterten Methode erfolgen, indem die schwingungsdämpfenden und schwingungserregenden Ursachen getrennt voneinander betrachtet werden.

Die Ausführungen des fünften Abschnitts gelten bis Gleichung 24) (S. 15) ohne weiteres auch für die jetzt zu behandelnde Aufgabe, so daſs sich eine Wiederholung erübrigt.

Um weiterhin den Bewegungsvorgang für den Fall zu untersuchen, daſs die Wasserentnahme jeweils umgekehrt proportional dem vor der konstanten Zeit ϑ vorhanden gewesenen Gefälle ist, während der Reibungsverlust im Stollen als unveränderlich angenommen wird, setzt man zunächst ebenso wie früher

$$H = H_n + a \cos q t.$$

Gemäſs dem Obengesagten ist dann die dem Wasserschloſs sekundlich entnommene Wassermenge darzustellen durch:

$$Q_r = \frac{A_1}{H_n + a \cos q\,(t - \vartheta)}.$$

Damit die Turbinen bei dem veränderlichen Gefälle im Mittel dieselbe Wassermenge verbrauchen wie vorher im Beharrungszustande bei der Leistung A, muſs, ebenso wie im fünften Abschnitte, die Konstante A_1 der Bedingung genügen

$$A_1 = A \sqrt{\frac{H_n{}^2 - a^2}{H_n{}^2}}$$

oder

$$A_1 = A \left(1 - \frac{a^2}{2\,H_n{}^2}\right) \quad \ldots \ldots \quad 28)$$

Die dem Wasserschloſs entnommene Leistung ist hier jedoch infolge des Nacheilens der Regler nicht mehr genau konstant, sie wird

$$\text{Leistung} = Q_r \cdot H = \frac{A_1\,(H_n + a \cos q t)}{H_n + a \cos q\,(t - \vartheta)}.$$

Die dem Wasserschloſs während einer Schwingungsperiode im Mittel entzogene Leistung ist dann gleich dem Mittelwerte von

$$\frac{A_1 \left(H_n + a \cos q\, t\right)}{H_n + a \cos q \left(t - \vartheta\right)},$$

d. h. mittlere entzogene Leistung =

$$\frac{1}{2\pi} \int_0^{2\pi} \frac{A_1 \left(H_n + a \cos q\, t\right)}{H_n + a \cos q \left(t - \vartheta\right)} \, dt.$$

Wenn man die Integration ausführt, höhere Potenzen von $\dfrac{a}{H_n}$ vernachlässigt, und aufserdem für A_1 den Wert aus Gleichung 28), S. 16 einsetzt, erhält man

$$\text{mittlere entzogene Leistung} = A \left(1 - \frac{a^2}{2\,H_n^2} \cos q\, \vartheta\right).$$

A ist die dem Wasserschlofs im Mittel über eine Periode zu-geführte Energie; somit bleibt beim Schwingungsvorgang im Mittel über eine Periode die Leistung

$$\frac{A\, a^2}{2\,H_n^2} \cos q\, \vartheta$$

als Schwingungsenergie im Wasserschlofs zurück.

Die weiteren Betrachtungen decken sich wieder vollständig mit den bereits im fünften Abschnitte angestellten; an die Stelle der Gleichung 31) tritt die neue Gleichung

$$\frac{A\, a^2}{2\,H_n^2} \cos q\, \vartheta = F\, a\, \frac{da}{dt}$$

und als Stabilitätsbedingung findet man schliefslich auf genau dem-selben Wege wie früher:

$$\frac{2\, g\, k\, F\, H_n}{L f} > \cos q\, \vartheta \quad \ldots \ldots \quad 57)$$

Durch Vergleich mit der früher gefundenen Stabilitätsbedin-gung sieht man, dafs durch das Nacheilen der Regler die Stabilität verbessert wird; gleichzeitig sieht man aber auch, dafs ein geringes Nacheilen (wegen $\cos q\, \vartheta$ nahezu $= 1$) so gut wie gar nichts aus-macht. Um ein Urteil darüber zu gewinnen, ob das Nacheilen in gewöhnlichen Fällen wesentlich mitspricht, mufs die Gröfse der zeitlichen Verzögerung ϑ aus den Konstruktionsdaten der Turbinen-regler gerechnet werden.

Diese Aufgabe läfst sich für moderne Turbinenregler mit nach-giebiger Rückführung leicht lösen für den Fall, dafs das Gefälle sich langsam linear mit der Zeit ändert; man mufs dazu allerdings noch

eine Annahme darüber machen, wie sich die von der Turbine ab-
gegebene Leistung mit der Umlaufzahl ändert.

In Fig. 7 ist ein Regler mit nachgiebiger Rückführung, welcher
die Turbine bei allen Belastungen im Beharrungszustande auf die
gleiche Umlaufzahl einstellt, schematisch dargestellt. Zur Charakteri-
sierung des Reglers werden zweckmäfsigerweise folgende Konstanten
verwendet:

1. Der Ungleichförmigkeitsgrad, den die Turbine zwischen Leerlauf und voller Belastung aufweisen würde, wenn die Nachgiebigkeit

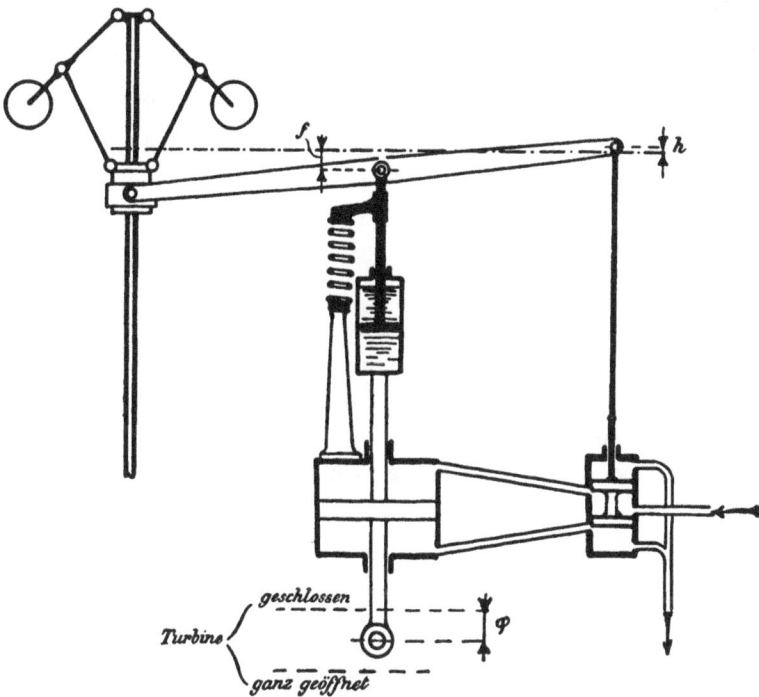

Fig. 7.

der Rückführung aufgehoben wäre — δ, in Prozenten der normalen
Umlaufzahl.

2. Die Zeit, welche der Arbeitskolben zur Zurücklegung seines
ganzen Hubes braucht, wenn das Fliehkraftpendel um 1% der normalen Umlaufzahl schneller umläuft als derjenigen Muffenstellung
entspricht, welche der Mittelstellung des Steuerventils durch den
augenblicklichen Stand der Rückführung zugeordnet wird — bezogene

Schlufszeit τ. (Es wird dabei vorausgesetzt, dafs die Eigenschwingungs-
dauer des Fliehkraftpendels vernachlässigbar klein ist, und dafs die
Geschwindigkeit des Arbeitskolbens stets proportional dem Hube des
Steuerventiles ist.)

3. Die Zeitkonstante c der nachgiebigen Rückführung, definiert
durch die Gleichung: Relativgeschwindigkeit zwischen Kolben und
Gehäuse der Ölbremse $= c$ mal Abweichung des nachgiebigen Teiles
aus der Mittellage. Für den Gebrauch bequemer ist meistens die
sog. Halbierungszeit σ der nachgiebigen Rückführung, worunter die
Zeit verstanden wird, die bei festgestelltem Gehäuse der Ölbremse
verfliefst, bis der nachgiebige Teil in die Hälfte seiner ursprünglichen
Entfernung aus der Mittellage gekommen ist. Zwischen c und σ
besteht die Beziehung $\dfrac{l_n \cdot 2}{c} = \sigma$. Das an der Turbine wirksame Gefälle möge sich nun linear langsam mit der Zeit ändern, und zwar
etwa abnehmen, so dafs das Gefälle zurzeit t dargestellt wird durch

$$H = H_n \, (1 - \beta \, t) \quad \ldots \ldots \ldots \quad 58)$$

Es bildet sich dann am Regler ein Beharrungszustand aus, indem
die Strecken f und h (Fig. 6) konstant sind, während die Eröffnung
der Turbine, φ, langsam zunimmt, da der Regler die Leistung trotz
des abnehmenden Gefälles unverändert hält.

Zunächst mufs nun die Geschwindigkeit bestimmt werden, mit
welcher φ zunehmen mufs, damit die Leistung bis auf eine von
erster Ordnung kleine Änderung konstant bleibt. Die Strecken f
und φ mögen in Bruchteilen des ganzen Arbeitskolbenhubes ausgedrückt werden, und die Eröffnung der Turbine zur Zeit $t = 0$ möge
mit φ_0 bezeichnet werden. Ferner werde die Annahme gemacht, dafs
die Leistung der Turbine bei gegebenem Gefälle proportional mit φ
ist. Dann mufs, da die Leistung der Turbine bei gegebener Öffnung
proportional mit $H^{3/2}$ ist, die Gleichung erfüllt sein

$$\text{Leistung} = C \, \varphi \, H^{3/2} = C \, \varphi_0 \, H_n^{3/2} = \text{constant} \quad . \quad . \quad 59)$$

(worin C eine von der Konstruktion der Turbine abhängige Konstante
ist). Der Wert φ zur Zeit t kann in dem kleinen betrachteten Bereiche
dargestellt werden durch

$$\varphi = \varphi_0 + \gamma \, t \quad \ldots \ldots \ldots \quad 60)$$

wo γ auf Grund der Bedingung, dafs die Leistung konstant ist, bestimmt werden kann. Setzt man nämlich in die Gleichung 59) die
Werte von φ und H aus Gleichungen 60) und 58) ein, so erhält man

$$\text{Leistung} = C \, (\varphi_0 + \gamma \, t) \, H_n^{3/2} \, (1 - \beta \, t)^{3/2} = \text{constant} \quad . \quad 61)$$

Durch Differentiieren dieser Gleichung nach t erhält man für $t = 0$ als Bedingung für γ

$$\gamma = 3/2\ \beta\ \varphi_0.$$

Die frühere Gleichung 60) geht dadurch über in

$$\varphi = \varphi_0 + 3/2\ \beta\ \varphi_0\ t$$

und die Geschwindigkeit, mit der sich der Arbeitskolben bewegt, ist somit

$$\frac{d\varphi}{dt} = \frac{3}{2}\ \beta\ \varphi_0\ \dots \dots \dots \quad 62)$$

Zuerst soll nun die Erniedrigung der Umlaufzahl berechnet werden, welche vorhanden sein muß, um diese Geschwindigkeit des Arbeitskolbens zu bewirken. Diese Erniedrigung ist aus zwei Gründen notwendig: erstens muß das Steuerventil um eine gewisse Strecke aus der Mittellage verschoben sein, und zweitens muß der mittlere Punkt des Rückführungshebels ebenfalls um ein gewisses Stück aus der Mittellage verschoben sein, weil zwischen dem Gehäuse und dem Kolben der Ölbremse die Relativgeschwindigkeit $\frac{d\varphi}{dt}$ besteht.

Aus der Definition der bezogenen Schlußzeit folgt, daß bei einer einprozentigen Erniedrigung der Umlaufzahl unter diejenige, welche der der Mittelstellung des Steuerventils durch den augenblicklichen Stand der Rückführung zugeordneten Muffenstellung entspricht, eine Geschwindigkeit des Arbeitskolbens von $\frac{1}{\tau}$ eintritt. Um die durch Gleichung 62) angegebene Geschwindigkeit zu erzeugen, ist daher zunächst eine Erniedrigung der Umlaufzahl um

$$\triangle_1 = {}^3\!/_2\ \beta\ \varphi_0\ \tau\ {}^0\!/_0$$

erforderlich.

Dazu kommt noch eine weitere Erniedrigung, weil sich der mittlere Punkt des Rückführungshebels um die Strecke f senkt. Für f besteht die Bedingung

$$f \cdot c = \frac{d\varphi}{dt}$$

(worin $c =$ Zeitkonstante der nachgiebigen Rückführung $= \frac{l_n\ 2}{\sigma}$ ist).

Durch Einsetzen von $\frac{d\varphi}{dt}$ aus Gleichung 62) erhält man

$$f = \frac{3}{2}\ \beta\ \varphi_0 \frac{\sigma}{l_n\ 2} = \frac{3}{2}\ \beta\ \varphi_0\ 1{,}45\ \sigma.$$

Aus der Definition von δ folgt, daß diese Verschiebung eine Erniedrigung der Umlaufzahl um

$$\varDelta_2 = f\,\delta = \frac{3}{2}\,\beta\,\varphi_0\,1{,}45\,\sigma\,\delta\,\%$$

erfordert.

Die im ganzen eintretende Erniedrigung der Umlaufzahl ist also

$$\varDelta = \varDelta_1 + \varDelta_2 = \frac{3}{2}\,\beta\,\varphi_0\,(1{,}45\cdot\sigma\,\delta + \tau)\,\%\ .\ .\ 63)$$

Um die Verringerung der Turbinenleistung zu berechnen, welche bei gegebener Belastung dieser Erniedrigung der Umlaufzahl entspricht, kann man annehmen, daſs die Leistung einer Potenz der Umlaufzahl proportional sei, also etwa setzen:

$$\text{Leistung} = \text{Normalleistung}\cdot\left(1 - \frac{\varDelta}{100}\right)^{\alpha}$$

wobei der Exponent α zunächst noch unbestimmt bleiben kann. Da $\frac{\varDelta}{100}$ stets nur ein kleiner Bruch ist, kann man statt der vorigen Gleichung auch schreiben:

$$\text{Leistung} = \text{Normalleistung}\cdot\left(1 - \alpha\,\frac{\varDelta}{100}\right).$$

Die augenblickliche Turbinenleistung ist also zu klein um

$$\text{Normalleistung}\cdot\alpha\,\frac{\varDelta}{100} = \text{fehlende Leistung}.$$

Statt dieses Ausdruckes kann man auch, genau bis auf Gröſsen zweiter Ordnung schreiben:

$$\text{augenblickliche Leistung}\cdot\alpha\,\frac{\varDelta}{100} = \text{fehlende Leistung}$$

oder unter Beachtung von Gleichung 59)

$$C\,\varphi\,H^{3/2}\cdot\alpha\,\frac{\varDelta}{100} = \text{fehlende Leistung}.$$

Damit die Turbine bei der erniedrigten Umlaufzahl und bei der augenblicklichen Leitapparatöffnung die Normalleistung abgibt, müſste das Gefälle etwas gröſser sein, und zwar, wie man bei Beachtung von Gleichung 59) sehen kann, um den Betrag

$$\frac{2}{3}\,\frac{\text{fehlende Leistung}}{\text{Leistung}}\,H,$$

d. h. um

$$\frac{2}{3}\,\frac{C\,\varphi\,H^{3/2}\,\alpha\,\dfrac{\varDelta}{100}}{C\,\varphi\,H^{3/2}}\,H.$$

Ein um diesen Betrag gröſseres Gefälle soll aber um die Zeit ϑ früher vorhanden gewesen sein, und zwar findet man unter Beachtung von Gleichung 58), daſs

$$H \beta \vartheta = \frac{2}{3} \frac{C \varphi H^{3/2} \alpha \frac{\varDelta}{100}}{C \varphi H^{3/2}} H.$$

Die jeweilige Eröffnung der Turbine entspricht also nicht dem augenblicklichen, sondern einem um die durch diese Gleichung bestimmte Zeit ϑ vorher vorhanden gewesenen Gefälle. Durch Einsetzen des Wertes von $\varDelta$ (Gleichung 63) in die vorige Gleichung erhält man

$$\vartheta = \frac{\alpha \varphi_0}{100} (1{,}45 \, \sigma \delta + \tau) \quad . \quad . \quad . \quad . \quad . \quad 64)$$

Die für einen Turbinenregler erforderlichen bzw. zulässigen Werte der charakteristischen Konstanten σ, δ und τ hängen von vielen Umständen ab; wenn man sich über die im allgemeinen zu erwartenden Werte von ϑ einen Überblick verschaffen will, ist es am besten, die charakteristischen Konstanten bewährten Ausführungen zu entnehmen. Die Firma Briegleb, Hansen & Co. in Gotha gestattete mir in sehr dankenswerter Weise die Benutzung der von ihr in zahlreichen Ausführungen erprobten Werte, auf Grund welcher ich die Werte von ϑ für zwei Fälle berechnet habe. Außerdem habe ich $\alpha = 2$, entsprechend einem proportional mit der Umlaufzahl wachsenden Widerstandsmoment der angetriebenen Maschinen und $\varphi_0 = 3/4$, entsprechend 3/4 Beaufschlagung angenommen.

Fall 1. Turbine offen eingebaut in eine Wasserkammer, die zugleich als Wasserschloß dient.

$$\sigma = 4 \text{ sec} \qquad \delta = 6\,^0/_0 \qquad \tau = 2 \text{ sec}$$
$$\vartheta = 0{,}55 \text{ sec.}$$

Fall 2. Mäßig steile Rohrleitung zwischen Wasserschloß und Turbinen.

$$\sigma = 4 \text{ sec} \qquad \delta = 9\,^0/_0 \qquad \tau = 3 \text{ sec}$$
$$\vartheta = 0{,}828 \text{ sec.}$$

Selbst für extreme Fälle, wo eine ziemlich lange Rohrleitung zwischen Wasserschloß und Turbinen vorhanden ist, wird man etwa annehmen dürfen:

$$\sigma = 10 \text{ sec} \qquad \delta = 15\,^0/_0 \qquad \tau = 10 \text{ sec}$$
daraus
$$\vartheta = 3{,}4 \text{ sec.}$$

Man sieht aus diesen Werten, daß das Nacheilen der Regler den Charakter der Schwingungsbewegungen in der Regel nicht wird beeinflussen können. Der Wert von $\cos q \, \vartheta$ in Gleichung 57) wird, wenn man für ϑ den extremen Wert von 3,4 sec und als Schwingungsdauer 100 sec annimmt, gleich 0,98, also fast gleich 1.

Dabei sind jedoch zwei besondere Fälle auszunehmen. Der Wert von α kann nämlich viel gröfser als 2 werden, wenn die Turbinen mit anderen Kraftmaschinen zusammen auf dieselbe Welle arbeiten, oder wenn sie elektrische Generatoren antreiben, welche mit anderen, von unabhängigen Kraftmaschinen betriebenen Generatoren parallel geschaltet werden. In solchen Fällen würde schon eine geringe Erhöhung der Umlaufzahl genügen, um die anderen Kraftmaschinen zu entlasten und die Turbinen mit der vollen, vom Netz abzugebenden Leistung zu belasten. Die Verhältnisse werden dann sehr verwickelt und namentlich abhängig von den Reglern der übrigen Kraftmaschinen.

Ferner kann man die Halbierungszeit σ der nachgiebigen Rückführung durch Änderungen an der Ölbremse usw. auch gröfser machen als oben angenommen wurde; die Ergebnisse dieses Abschnittes zeigen jedoch, dafs man sie schon sehr viel gröfser machen mufs, wenn man eine merkliche Wirkung erzielen will; für die allgemeine Brauchbarkeit der Regelung wäre dies jedoch sehr nachteilig. Im übrigen würde dann auch die oben gegebene Ableitung des Wertes von ϑ nicht mehr genügend genau gelten: es war bei ihr angenommen worden, dafs sich am Regler ein Beharrungszustand ausbildet, und dies ist genügend genau nur dann der Fall, wenn σ klein ist im Verhältnis zur Dauer einer Schwingung.

---

13. Verbesserung der Ergebnisse wegen der bleibenden Ungleichförmigkeit der Regelung.

Bei den Entwicklungen des vorigen Abschnittes war angenommen worden, dafs der Turbinenregler mit nachgiebiger Rückführung ausgerüstet sei, so dafs er die Turbine, wenn Belastung und Gefälle stationär sind, stets mit derselben Umlaufzahl laufen läfst. Manche Turbinenregler sind jedoch mit starrer Rückführung versehen und verleihen den Turbinen eine bleibende Ungleichförmigkeit, und anderseits sind auch die meisten der mit nachgiebiger Rückführung ausgestatteten Turbinenregler noch mit einer besonderen Vorrichtung versehen, welche eine kleine bleibende Ungleichförmigkeit einzustellen gestattet, was für gewisse Betriebsverhältnisse notwendig ist. Im ersten Falle beträgt die bleibende Ungleichförmigkeit — im folgenden δ_b genannt — meist etwa $5^0/_0$, im letzten Falle $1-2^0/_0$. Im folgenden soll der Einfluſs einer bleibenden Ungleichförmigkeit auf den Verlauf der Schwingungsbewegung untersucht werden.

Es sei im Beharrungszustande das Gefälle gleich H_n die Leistung der Turbine N_0 entsprechend der Konstanten A_0 (vgl. Gleichung 2, Seite 8), die zugehörige Eröffnung der Turbine sei φ_0 und die Umlaufzahl n_0. Dann ist bei einer anderen Turbinenöffnung die Umlaufzahl gleich

$$n = n_0 \left(1 + \frac{\delta_b}{100} (\varphi_0 - \varphi)\right) \quad \ldots \ldots \ldots \quad 65)$$

Die zur Umlaufzahl n gehörige Turbinenleistung kann wie früher gesetzt werden

$$N = N_0 \left(1 + \frac{n-n_0}{n_0}\right)^\alpha$$

und dementsprechend ist bei der Umlaufzahl n der Wert A, der, durch das wirksame Gefälle dividiert, die von der Turbine verbrauchte Wassermenge ergibt:

$$A = A_0 \left(1 + \frac{n - n_0}{n_0}\right)^\alpha$$

Wenn man den Wert von n aus Gleichung 65) einsetzt, erhält man daraus für kleine Werte von $\dfrac{n - n_0}{n}$

$$A = A_0 \left(1 + \frac{\alpha\,\delta_b}{100} (\varphi_0 - \varphi)\right) \quad \ldots \ldots \quad 66)$$

Das wirksame Gefälle zu einer beliebigen Zeit kann ferner wie früher dargestellt werden durch

$$H = H_g - y = H_n - s,$$

wobei für das folgende noch vorausgesetzt wird, daſs es sich nur um eine kleine Gleichgewichtsstörung handelt, daſs also s klein ist im Verhältnis zu H_n. Dann gilt, da N und N_0 sich nur wenig voneinander unterscheiden [1]), die Gleichung

---

[1]) **Anmerkung.** Davon, daſs es zulässig ist, diesen Unterschied zu vernachlässigen, überzeugt man sich am besten dadurch, daſs man die Rechnung ohne die Vernachlässigung durchführt. Man erhält dann folgende Gleichungen:

$$H^{3/2} \varphi = H_n{}^{3/2} \varphi_0 \frac{A_0}{A}$$

$$(H_n - s)^{3/2} \varphi = H_n{}^{3/2} \varphi_0 \frac{A_0}{A}$$

$$\varphi = \varphi_0 \left(1 + 3/2 \frac{s}{H_n}\right) \frac{A}{A_0}.$$

In Gleichung 66) eingesetzt:

$$H^{3/2}\,\varphi = H_n{}^{3/2}\,\varphi_0$$

oder

$$(H_n - s)^{3/2}\,\varphi = H_n{}^{3/2}\,\varphi_0.$$

Hieraus findet man bis auf Gröfsen höherer Ordnung genau

$$\varphi = \varphi_0 \left(1 + \frac{3}{2}\,\frac{s}{H_n}\right).$$

Indem man diesen Wert für φ in die Gleichung 66) einführt, erhält man

$$A = A_0 \left(1 - \frac{3}{2}\,\frac{\alpha\,\delta_b\,\varphi_0}{100}\,\frac{s}{H_n}\right).$$

Die von der Turbine sekundlich verbrauchte Wassermenge ist somit

$$Q_r = \frac{A_0}{H_n - s} \left(1 - \frac{3}{2}\,\frac{\alpha\,\delta_b\,\varphi_0}{100}\,\frac{s}{H_n}\right). \quad \ldots \quad 67)$$

Um die Bewegungserscheinungen für den vorliegenden Fall zu ermitteln, hätte man diese Gleichung an Stelle der früher verwendeten Gleichung 3) $Q_r = \dfrac{A}{H_n - s}$ zu setzen, neue Grundgleichungen aufzustellen und alle Ableitungen zu wiederholen.

Man kann sich jedoch diese Mühe ersparen, wenn man beachtet, dafs bei der Aufstellung der Grundgleichungen die Gleichung 3)

$$A = A_0 \left(1 + \frac{\alpha\,\delta_b}{100}\left(\varphi - \varphi_0\left(1 + 3/2\,\frac{s}{H_n}\right)\right)\right)\frac{A}{A_0}$$

oder

$$A = A_0 + A_0\,\frac{\alpha\,\delta_b\,\varphi_0}{100} - \frac{A\,\alpha\,\delta\,\varphi_0}{100} - \frac{A\,\alpha\,\delta_b\,\varphi_0}{100}\,\frac{3}{2}\,\frac{s}{H_n}$$

Um zum Vergleich mit der anderen Berechnung in dem Ausdruck für $A\,s$ im Zähler zu behalten, setzt man für kleine s:

$$A = A_0 + s\left(\frac{d\,A}{d\,s}\right)_{s\,\doteq\,0}.$$

Aus der vorigen Gleichung erhält man durch Differentiation (für $s = 0$):

$$\frac{d\,A}{d\,s} = -\frac{A_0\,\dfrac{\alpha\,\delta_b\,\varphi_0}{100}}{1 + \dfrac{\alpha\,\delta_b\,\varphi_0}{100}}\,\frac{3}{2\,H_n}.$$

Daher wird

$$A = A_0\left(1 - \frac{\dfrac{\alpha\,\delta_b\,\varphi_0}{100}}{1 + \dfrac{\alpha\,\delta_b\,\varphi_0}{100}}\,\frac{3}{2\,H_n}\cdot s\right).$$

Aus dem Vergleich mit der entsprechenden Gleichung im Text (Seite 54) sieht man, dafs die Abweichung sehr gering ist Für die späteren Beispiele (Seite 56) würde man z. B. folgende Werte erhalten:

1) $\delta_b = 1^{1}/_{2}\%$, $\quad \alpha = 2$, $\quad \varphi_0 = 3/4$:

$\quad$ 1,033 $\qquad\qquad$ statt wie dort 1,034

2) $\delta_b = 5\%$, $\quad \alpha = 2$, $\quad \varphi_0 = 3/4$:

$\quad$ 1,105 $\qquad\qquad$ statt wie dort 1,113.

nur zweimal verwendet wurde: einmal wurde bei der Bildung der Gleichung 7) die Gröfse $\frac{d\,Q_r}{dt}$ gebildet, und ferner wurde zur Bildung der Gleichung 8) der Wert Q_r selbst verwendet. Wenn man daher ein reduziertes Gefälle $H_{n\,red}$ und eine reduzierte Konstante A_{red} derart bestimmt, dafs für kleine Werte von s (vgl. Gleichung 67)

$$Q_r = \frac{A_0}{H_n - s}\left(1 - \frac{3}{2}\,\frac{\alpha\,\delta_b\,\varphi_0}{100}\,\frac{s}{H_n}\right) = \frac{A_{red}}{H_{n\,red} - s} \quad . \quad . \quad 68)$$

und

$$\frac{d\,Q_r}{dt} = \frac{d}{dt}\left[\frac{A_0}{H_n - s}\left(1 - \frac{3}{2}\,\frac{\alpha\,\delta_b\,\varphi_0}{100}\,\frac{s}{H_n}\right)\right] = \frac{d}{dt}\left[\frac{A_{red}}{H_{n\,red} - s}\right] \quad 69)$$

wird, so kann man die früheren Ergebnisse auf den vorliegenden Fall anwenden, wenn man in die Gleichungen statt A und H_n die Werte A_{red} und $H_{n\,red}$ einsetzt.

Die Gleichung 69) kann auch geschrieben werden

$$\frac{d\,Q_r}{ds}\,\frac{ds}{dt} = \frac{d}{ds}\left[\frac{A_0}{H_n - s}\left(1 - \frac{3}{2}\,\frac{\alpha\delta_b\varphi_0}{100}\,\frac{s}{H_n}\right)\right]\frac{ds}{dt} = \frac{d}{dt}\left[\frac{A_{red}}{H_{nred} - s}\right]\frac{ds}{dt} \quad 70)$$

Die beiden Gleichungen 68) und 70) zusammen ermöglichen die Bestimmung von A_{red} und H_{nred}; man erhält

$$A_{red} = A_0\left(1 + \frac{3}{2}\,\frac{\alpha\delta_b\varphi_0}{100}\right)$$

$$H_{nred} = H_n\left(1 + \frac{3}{2}\,\frac{\alpha\delta_b\varphi_0}{100}\right)$$

oder im Gesamtgefälle ausgedrückt

$$(H_{gred} - r) = (H_g - r)\left(1 + \frac{3}{2}\,\frac{\alpha\delta_b\varphi_0}{100}\right).$$

Die Stabilitätsbedingung (Gleichung 17) erhält somit für den vorliegenden Fall folgende Form

$$\frac{2\,g\,k\,F\,H_n}{L\,f}\left(1 + \frac{3}{2}\,\alpha\,\frac{\delta_b}{100}\,\varphi_0\right) > 1 \quad . \quad . \quad . \quad . \quad 71)$$

Man sieht daraus, dafs die Stabilität durch die bleibende Ungleichförmigkeit im Verhältnis $1 : 1 + \frac{3}{2}\,\frac{\alpha\delta_b\varphi_0}{100}$ verbessert wird. Um über die Gröfse dieses Einflusses ein Urteil zu gewinnen, habe ich zwei Beispiele berechnet; für das erste Beispiel wurde ein Turbinenregler mit nachgiebiger Rückführung angenommen, dem nur wegen besonderer Betriebsverhältnisse eine bleibende Ungleichförmigkeit von $1\,^1/_2\,^0/_0$ verliehen wurde; dem zweiten Beispiel wurde ein Regler mit starrer Rückführung und $\delta_b = 5\,^0/_0$ zugrunde gelegt. Ferner

wurde für beide Beispiele wie früher $\alpha = 2$ und $\varphi_0 = 3/4$ angenommen.

1. $\delta_b = 1\,{}^1/_2\,{}^0/_0,$

daraus die Verbesserung der Stabilität:

$$1 + \frac{3}{2}\,\frac{\alpha\,\delta_b\,\varphi_0}{100} = 1{,}034.$$

2. $\delta_b = 5\,{}^0/_0$

$$1 + \frac{3}{2}\,\frac{\alpha\,\delta_b\,\varphi_0}{100} = 1{,}113.$$

Man erkennt, dafs selbst die grofse bleibende Ungleichförmigkeit des Reglers mit starrer Rückführung die Stabilität nur um
etwa 11% verbessert, so dafs es in der Regel genügen wird, die
bleibende Ungleichförmigkeit überhaupt zu vernachlässigen.

Auf zwei Ausnahmen davon mufs allerdings auch hier hin-
gewiesen werden: die erste betrifft die bereits im vorigen Abschnitte
(S. 52) erörterte Möglichkeit, dafs α wesentlich gröfser als zwei
wird, die zweite den Fall, dafs die bleibende Ungleichförmigkeit δ_b durch Veränderungen am Regler abnormal grofs gemacht
wird, etwa um die sonst auftretenden Schwingungen zu vermeiden.
Eine grofse bleibende Ungleichförmigkeit hat jedoch so schwer-
wiegende andere Nachteile, dafs sie kaum jemals wird angewendet
werden können.

Das Ergebnis dieses Abschnittes und des vorigen kann somit
kurz in den Satz zusammengefafst werden, dafs es im allgemeinen
nicht möglich ist, durch besondere Einstellung oder Bauart der
Turbinenregler die Schwingungen im Stollen und Wasserschlofs
wirksam zu dämpfen ohne die Güte der Regelung wesentlich zu beeinträchtigen.

---

14. Verbesserung der Ergebnisse wegen der Ver-
änderlichkeit des Gesamtwirkungsgrades.

Bisher wurde vorausgesetzt, dafs der Gesamtwirkungsgrad von
Turbine und Rohrleitung zusammen bei Änderungen des Gefälles
unveränderlich sei; im folgenden soll noch dargelegt werden, wie
man die in Wirklichkeit stets vorhandene Veränderlichkeit berücksichtigen kann.

Zunächst mufs man ermitteln, wie sich der Gesamtwirkungsgrad bei unveränderlicher Turbinenleistung und veränderlichem Gefälle zwischen Wasserschlofs und Unterwasser ändert. Dazu mufs
man im Besitze eines vollständigen Bremsberichtes der Turbine
sein, aus dem man ihren Wirkungsgrad für alle Leitradöffnungen,
Umlaufzahlen und für alle an der Turbine wirksamen Gefälle entnehmen kann. Ferner mufs man noch den Reibungsverlust in der
Rohrleitung zwischen Wasserschlofs und Turbine berechnen auf
Grund eines angenommenen Rauhigkeitskoeffizienten für die Rohrwandungen. Man kann dann ohne besondere Schwierigkeiten für
die gegebene Turbinenleistung und verschiedene Gefälle den Gesamtwirkungsgrad ermitteln; zweckmäfsigerweise werden die Resultate graphisch durch eine Kurve dargestellt, indem man etwa als
Abszissen die Gefälle Wasserschlofs-Unterwasser und als Ordinaten
die Wirkungsgrade abträgt und die einzelnen Punkte durch eine
Kurve verbindet, wie dies in Fig. 8 geschehen ist. Der Wirkungsgrad bei dem Gefälle, welches dem betreffenden Beharrungszustande
entspricht, möge mit η_0 bezeichnet werden; wenn man sich dann
auf die Betrachtung kleiner Gleichgewichtsstörungen beschränkt, kann
man die Wirkungsgradkurve durch ihre Tangente im Punkte H_n, η_0
ersetzen und etwa schreiben

$$\eta = \eta_0 + \varepsilon s,$$

wobei der Wert von ε unter Berücksichtigung der Mafsstäbe aus der
Neigung der Tangente gefunden werden kann. Für die von den
Turbinen verbrauchte Wassermenge gilt dann die Gleichung

$$Q_r = \frac{A}{H_n - s}\, \frac{\eta_0}{\eta} = \frac{A}{H_n - s}\, \frac{\eta_0}{\eta_0 + \varepsilon s}$$

oder

$$Q_r = \frac{A}{(H_n - s)\left(1 + \dfrac{\varepsilon}{\eta_0} s\right)}.$$

Um die nochmalige Ableitung aller Gleichungen zu ersparen,
kann man ähnlich wie im vorigen Abschnitt verfahren, indem man
ein reduziertes Gefälle $H_{n\,red}$ und eine reduzierte Konstante A_{red} derart
bestimmt, dafs für $s = 0$ die beiden Bedingungen

$$\frac{A_{red}}{H_{n\,red} - s} = \frac{A}{(H_n - s)\left(1 + \dfrac{\varepsilon}{\eta_0} s\right)}$$

und

$$\frac{d}{ds}\left[\frac{A_{red}}{H_{n\,red}-s}\right]=\frac{d}{ds}\left[\frac{A}{(H_n-s)\left(1+\dfrac{\varepsilon}{\eta_0}s\right)}\right]$$

erfüllt sind.

Eine einfache Rechnung ergibt, dafs dazu

$$H_{n\,red}=\frac{H_n}{1-\dfrac{\varepsilon}{\eta_0}H_n}$$

$$A_{red}=\frac{A}{1-\dfrac{\varepsilon}{\eta_0}H_n}$$

gemacht werden mufs.

Die Stabilitätsbedingung (Gleichung 17) kann daher für diesen Fall folgendermafsen geschrieben werden:

$$\frac{2\,g\,k\,f\,H_{n\,red}}{Lf}>1$$

oder, indem man den Wert von $H_{n\,red}$ einsetzt:

$$\frac{2\,g\,k\,f\,H_n}{Lf\left(1-\dfrac{\varepsilon}{\eta_0}H_n\right)}>1.$$

Wenn ε positiv ist, d. h. wenn bei abnehmendem Gefälle der Wirkungsgrad bei konstant gehaltener Turbinenleistung besser wird, ist das reduzierte Gefälle gröfser als das wirkliche und die Stabilität wird entsprechend der Stabilitätsbedingung Gleichung 17) besser als bei unveränderlichem Wirkungsgrade. Das Umgekehrte ist bei einer entgegengesetzter Veränderlichkeit des Wirkungsgrades der Fall.

Ich habe einige Wirkungsgradkurven berechnet, und zwar für eine J-Turbine von Briegleb, Hansen u. Co. in Gotha, für welche ein vollständiger Bremsbericht im ›Jahrbuch der Schiffbautechnischen Gesellschaft‹ (Jahrgang 1910, S. 176) veröffentlicht worden ist. Es wurde ein zwischen den Grenzen von ca. 70 bis 110 m veränderliches Gefälle (Turbinenanlage an einer Talsperre), eine Umlaufzahl der Turbinen von 850 pro Min. und ein Laufraddurchmesser von 610 mm angenommen. Ferner wurde angenommen, dafs zwischen dem Wasserschlofs und der aus drei solchen Turbinen bestehenden Kraftanlage sich eine Rohrleitung von 270 m Länge bei einem Durchmesser von 1,5 m befindet; der Rauhigkeitskoeffizient der Rohrwandung (nach der Definition auf Seite 13) wurde zu 0,018 angenommen und demgemäfs der Druckverlust aus der Formel

$$h_w = \frac{270}{1,5} \; \frac{c^2}{2\,g} \cdot 0,018$$

berechnet.

Fig. 8 zeigt die berechneten Gesamtwirkungsgrade von Turbinen und Rohrleitung für den Fall, dafs alle drei Turbinen im Betriebe sind und mit je 930, 1550 und 1860 PS belastet werden. Es ergibt sich beispielsweise für $H_n = 80$ m

bei einer Belastung pro Turbine von	der Wert von ε zu	dementsprechend wird die Stabilität
930 PS	+ 0,003	verbessert im Verhältnis 1:1,43
1550 PS	− 0,002	verschlechtert im Verhältnis 1:1,195
1860	− 0,0046	verschlechtert im Verhältnis 1:1,45.

Die entsprechenden Zahlen für andere Nutzgefälle lassen sich leicht aus dem Verlaufe der Kurven ablesen.

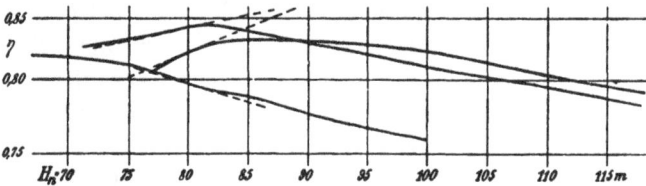

Fig. 8.

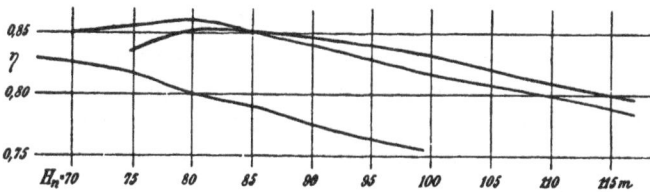

Fig. 9.

In Fig. 9 sind noch die Wirkungsgradkurven für denselben Fall gezeichnet, jedoch unter Vernachlässigung der Reibungsverluste in der Rohrleitung. Aus der veränderten Lage der Kurven erkennt man, dafs diese Reibungsverluste in Wirklichkeit wesentlich mitspielen, und ersieht zugleich, welche Verbesserung der Stabilität man von einer Vergröfserung des Rohrleitungsdurchmessers noch erhoffen kann.

Das gewählte Beispiel ist insofern ein für die Praxis ungünstiger Fall, als bei ihm für die Wahl der Umlaufzahl und Turbinengröfse sehr verschiedene Gefälle berücksichtigt werden mufsten. Bei Anlagen mit nur schwach veränderlichem Gefälle wird man für den kleinen Bereich der in Betracht kommenden Gefälle einen

wesentlich flacheren Verlauf der Wirkungsgradkurven unschwer erzielen können. Immerhin dürfte es sich auch bei solchen Anlagen
empfehlen, den Einfluſs der Veränderlichkeit des Wirkungsgrades
nachzuprüfen.

---

15. Die Berechnung der Wasserschlösser.

Das im 9. Abschnitte beschriebene Verfahren zur näherungsweisen Integration der Hauptgleichungen leistet auch sehr gute
Dienste, wenn es sich darum handelt, für eine projektierte Anlage
die nach Belastungsänderungen zu erwartenden Schwankungen des
Wasserspiegels zu ermitteln; daher soll im folgenden noch kurz
besprochen werden, wie etwa bei der Berechnung eines Wasserschlosses vorzugehen ist. Es handelt sich dabei auſser um die Bestimmung des Wasserschloſsquerschnittes auch um die Voraus-
bestimmung der nach Belastungsänderungen zu erwartenden Spiegelschwankungen, welche für die Bestimmung der Höhenabmessungen
des Wasserschlosses maſsgebend sind.

Die Länge des Stollens ist gegeben, sein Querschnitt wird,
wie früher erwähnt, in bekannter Weise auf Grund wirtschaftlicher
Erwägungen zu bemessen sein. Der mindestens erforderliche Wasserschloſsquerschnitt folgt dann aus der Stabilitätsbedingung Gleichung 17) oder aus der Gleichung für F_2 auf Seite 25. In den
meisten Fällen wird jedoch bei elektrischen Kraftwerken mit Rücksicht auf die Spiegelschwankungen nach Belastungsänderungen ein
gröſserer Wasserschloſsquerschnitt ausgeführt werden müssen; in
der Regel wird man sogar bei der Berechnung zur Sicherheit die
gröſstmöglichen Belastungsschwankungen annehmen, also Belastung
von Leerlauf auf volle Leistung der Generatoren und Entlastung
von voller Leistung auf Leerlauf. Eine wertvolle Näherungsformel
für die zu erwartenden Spiegelschwankungen erhält man, wenn man
in der Gleichung 22) die Reibung vernachlässigt, d. h. in den Gleichungen für p und q (23 und 24) $k = 0$ setzt. Wenn man annimmt,
daſs der Wasserverbrauch der Turbinen plötzlich von Q_1 auf Q_2
steigt oder fällt, und dann konstant bleibt, erhält man aus der
Gleichung 22) nach Einführung der Grenzbedingungen folgenden
Wert für die gröſste Spiegelhöhenänderung h_{max}:

$$h_{max} = (Q_2 - Q_1)\sqrt{\frac{L}{gfF}} \quad \cdots \cdots \quad 72)$$

Diese Formel ist aufser wegen ihrer Einfachheit auch deshalb wert-
voll, weil sie erkennen läfst, dafs die gröfste Spiegelhöhenänderung
im wesentlichen dem Werte $\sqrt{fF}$ umgekehrt proportional ist; man
ersieht aus ihr, wie man etwa durch eine Vergröfserung des Stollen-
querschnittes über das wirtschaftlich günstigste Mafs hinaus an
Wasserschlofsquerschnitt sparen könnte. Den Wert von Q_2 kann
man in erster Annäherung bestimmen als den Wasserverbrauch der
Turbinen unmittelbar nach Eintritt der Belastungsänderung, also,
wenn H_1 das beim Eintritt der Belastungsänderung vorhandene Gefälle, A_2 den nach der Belastungsänderung vorhandenen Wert von
A [Gleichung 2] Seite 8) bezeichnet, $Q_2 = \dfrac{A_2}{H_1}$ setzen.

Eine wesentliche Verfeinerung der Formel 72) wird dadurch
erreicht, dafs man für Q_2 nicht den unmittelbar nach Eintritt der
Belastungsänderung vorhandenen, sondern einen mittleren, einer

Spiegelabsenkung von $\dfrac{h_{max}}{2}$ entsprechenden Wert $Q_2 = \dfrac{A_2}{H_1 - \dfrac{h_{max}}{2}}$

einsetzt. Wenn man noch $\sqrt{\dfrac{L}{gfF}} = c$ setzt, erhält man

$$h_{max} = \left(\frac{A_2}{H_1 - \dfrac{h_{max}}{2}} - Q_1 \right) \cdot c.$$

Die Auflösung dieser Gleichung nach h_{max} ergibt:

$$h_{max} = H_1 - \frac{c\,Q_1}{2} - \sqrt{\left(H_1 - \frac{c\,Q_1}{2} \right)^2 - 2\,c\,A_2 + 2\,c\,Q_1\,H_1}.$$

Ferner kann eine weitere Verbesserung dadurch erfolgen, dafs
man den Reibungsverlust im Stollen noch durch einen Zuschlag
berücksichtigt. Zur Vereinfachung möge dabei vorausgesetzt werden,
dafs es sich entweder um Entlastungen von irgendeiner Leistung
auf Leerlauf oder um Belastungsvergröfserungen vom Leerlauf an
handelt; der stets sehr kleine Reibungsverlust im Stollen für den
Leerlaufverbrauch kann vernachlässigt werden. Bei einer Belastungsvergröfserung hat die Reibung im Stollen eine Vergröfserung der
Spiegelabsenkung zur Folge; das Ergebnis verschiedener vom Verfasser für einzelne Beispiele vorgenommener Berechnungen zeigt, dafs
der Zuschlag etwa $0,6\,r$ betragen mufs, wenn r der Druckhöhenverlust für den der neuen Belastung entsprechenden Beharrungs-

zustand ist. Wenn man mit y_{max} die gröfste Spiegelabsenkung unter den Wasserstand des Stausees bezeichnet, hat man also für Belastungsvergröfserungen zu schreiben

$$y_{max} = H_1 - \frac{c\,Q_1}{2} - \sqrt{\left(H - \frac{c\,Q_1}{2}\right)^2 - 2\,c\,A_2 + 2\,c\,Q_1\,H_1} + 0{,}6\,r \qquad 73)$$

Man überzeugt sich leicht, dafs eine Formel von gleicher Art auch für Entlastungen auf Leerlauf gilt, und zwar ergab sich als Koeffizient von r, welches hier den im Beharrungszustande vor dem Eintritt der Störung vorhanden gewesenen Druckhöhenverlust bezeichnet, wieder 0,6. Für Entlastungen gilt daher dieselbe Formel 74).

Die Gleichung 74) gibt bereits eine recht gute Annäherung für die gröfste Spiegelabsenkung. Wenn noch gröfsere Genauigkeit verlangt wird, mufs das im 9. Abschnitte dargestellte Verfahren zur näherungsweisen Integration der Hauptgleichungen angewendet werden. Bezüglich der Gröfse der dabei anzuwendenden Intervalle darf auf die früher (Seite 38) gemachte Bemerkung verwiesen werden, dafs die Dauer einer ganzen Schwingungsperiode näherungsweise

gleich $2\,\pi\,\sqrt{\dfrac{L\,F}{g\,f}}$ ist. Bereits bei Einteilung einer Periode in

30 Intervalle wird eine reichlich genügende Genauigkeit erzielt (Seite 38). Daher hat man die Gröfse eines Intervalles etwa gleich

$\dfrac{2\,\pi}{30}\,\sqrt{\dfrac{L\,F}{g\,f}}$ zu nehmen. Die gröfste Spiegelhöhenänderung tritt un-

gefähr nach Ablauf von $^1\!/_4$ Periode auf, so dafs man die Berechnung nur für ca. 8 Intervalle durchzuführen hat.

Rechnungsbeispiel.

Gegeben $L = 450$ m, $f = 15{,}9$ qm (entsprechend 4,5 m Durchmesser), $H_g = 20$ m, A bei gröfster Generatorleistung $= 1000$ mt/sec, A bei Leerlauf mit erregtem Generator $= 100$ mt/sec. $k = 0{,}08$, entsprechend $\lambda = 0{,}013$ und einem Austrittsverlust aus dem konisch erweiterten Stollenende von $\dfrac{1}{4}\,\dfrac{v^2}{2\,g}$. Der Druckhöhenverlust für den Beharrungszustand bei $A = 1000$ mt/sec ergibt sich zu 0,862 m, somit $H_n = 19{,}138$ m und

$$F_2 = \frac{L\,f}{2\,g\,k\,H_n} = \frac{450 \cdot 15{,}9}{2 \cdot 9{,}81 \cdot 0{,}08 \cdot 19{,}138} = 238 \text{ qm.}$$

Zur Ausführung werde ein Wasserschlofs mit 450 qm in Erwägung gezogen; gesucht werden nunmehr die Spiegelhöhenänderungen für Belastungsvergröfserungen von $A = 100$ auf $A = 1000$ und für Ent-lastungen von $A = 1000$ auf $A = 100$ mt/sec.

1. Erste Annäherung (Formel 73)

$$Q_1 = \frac{100}{20} = 5 \text{ m}^3/\text{sec.}$$

$$Q_2 = \frac{1000}{20} = 50 \text{ m}^3/\text{sec.}$$

$$h_{max} = (50-5) \sqrt{\frac{450}{9{,}81 \cdot 15{,}9 \cdot 450}} = 3{,}60 \text{ m.}$$

2. Zweite Annäherung (Formel 74) mit $c = \sqrt{\dfrac{L}{gfF}} = 0{,}0802$

Belastung von $A = 100$ auf $A = 1000$

$$y_{max} = 20 - \frac{0{,}0802 \cdot 5}{2}$$

$$-\sqrt{\left(20 - \frac{0{,}0802 \cdot 5}{2}\right)^2 - 2 \cdot 0{,}0802 \cdot 1000 + 2 \cdot 0{,}0802 \cdot 5 \cdot 20 + 0{,}6 \cdot 0{,}862}$$

$$y_{max} = 4{,}05 + 0{,}52 = 4{,}57 \text{ m.}$$

Entlastung von $A = 1000$ auf $A = 100$

$$y_{min} = 19{,}138 - \frac{0{,}0802 \cdot 52{,}25}{2}$$

$$-\sqrt{\left(19{,}138 - \frac{0{,}0802 \cdot 52{,}25}{2}\right)^2 - 2 \cdot 0{,}0802 \cdot 100 + 2 \cdot 0{,}0802 \cdot 52{,}25 \cdot 19{,}138 + 0{,}6 \cdot 0{,}862}$$

$$y_{min} = -3{,}79 + 0{,}52 = -3{,}27 \text{ m.}$$

3. Genaue Rechnung

a) Belastung. Die Dauer einer ganzen Schwingungsperiode ist annähernd $2\pi \sqrt{\dfrac{450 \cdot 450}{9{,}81 \cdot 15{,}9}} = 226$ sec, die Gröfse der Intervalle nimmt man gleich ca. $\dfrac{226}{30}$ oder abgerundet 8 sec. Die mit diesen Intervallen durchgeführte Rechnung ergibt $y_{max} = 4{,}60$ m bei $t = 75$ sec, also nur wenig mehr als der Näherungswert 4,57 m.

b) Entlastung. Die ebenfalls mit Intervallen von 8 Sekunden durchgeführte Rechnung ergibt $y_{min} = -3{,}24$ m bei $t = 70$ sec, was von dem Näherungswert $-3{,}27$ m auch nur wenig abweicht.

Die genaue Berechnungsmethode läfst sich auf andere im obigen nicht berücksichtigte Fälle ohne Schwierigkeiten übertragen. Wenn z. B. am Wasserschlofs ein Freilauf angebracht ist, welcher nach einer bestimmten Erhebung des Wasserspiegels Wasser überfliefsen läfst, hätte man an Stelle der früheren Hauptgleichung 6) zu schreiben

$$F \frac{dy}{dt} = \frac{A}{H_g - y} + Q_f - fv,$$

wobei Q_f die über den Freilauf fliefsende Wassermenge ist, welche sich nach den bekannten Überfallformeln für das jeweilige y bestimmen läfst. Die Extrapolationsformeln 46) und 47) bleiben auch hier noch gültig; nur hat man zu beachten, dafs man in den Intervallen, in denen der Wasserspiegel die Überfallkante erreicht oder verläfst, einen kleinen Fehler macht, weil in dem Augenblicke, in welchem der Wasserspiegel in der Höhe der Überfallkante steht, $\frac{d^3 y}{dt^3}$ und damit auch die Differenz $\mathit{\Delta}^3$ für $\frac{dy}{dt}$ einen Sprung erleidet. Der Fehler ist aber praktisch unbedeutend.

In ähnlicher Weise hat man zu verfahren, wenn das Wasserschlofs nicht überall gleichen Querschnitt besitzt: die in den Glei-

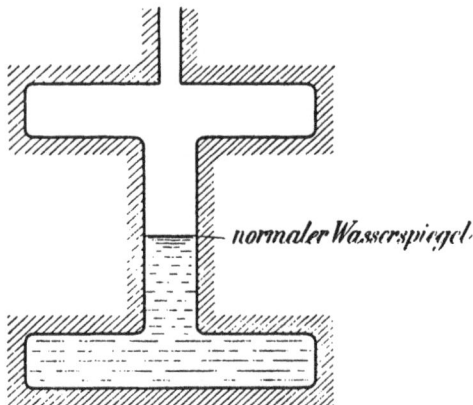

normaler Wasserspiegel

Fig. 10.

chungen 40) und 41) auftretenden Differentialquotienten können dann nicht mehr aus den Gleichungen 44) entnommen werden, sondern müssen unter Berücksichtigung der Veränderlichkeit von F mit y nach den gewöhnlichen Regeln aus den Gleichungen 42) und 43) abgeleitet werden. Die Extrapolationsformeln bleiben natürlich gültig. Besonders zu erwähnen wäre bei dieser Gelegenheit

noch der neuerdings für ein in das Gebirge getriebenes Wasserschloſs gemachte Vorschlag[1]), das Wasserschloſs mit einem mittleren
Teil mit kleinen Querschnitten und mit Erweiterungen an den Enden
auszuführen, so daſs die Verteilung der Wasserschloſsquerschnitte
der Höhe nach etwa durch die nebenstehende Figur 10 dargestellt wird.
Der erforderliche Gesamtinhalt des Wasserschlosses wird bei dieser
Anordnung kleiner als bei irgendeiner anderen Verteilung der Quer-
schnitte, besonders dann, wenn auch auf die Verschiedenheit der
Wasserstände im Stausee Rücksicht genommen werden muſs. Die
Berechnung derartiger Wasserschlösser durch die näherungsweise
Integration der Hauptgleichungen ist ohne weiteres möglich. Bei
dieser Form liegt die Versuchung besonders nahe, den Querschnitt
des mittleren Teils zu klein, nämlich kleiner als F_2 zu machen. Man
wird daher hier besonders darauf zu achten haben, daſs die Stabilitätsbedingung noch mit hinreichender Sicherheit erfüllt ist.

---

[1]) In dem Projekte für den Walchenseewettbewerb mit dem Motto: »Fons
roburis aqua«, Verfasser A.-G. Motor, Baden in der Schweiz.

www.ingramcontent.com/pod-product-compliance
Lightning Source LLC
Chambersburg PA
CBHW031452180326
41458CB00002B/746